W0262081

Chronik des Deutschen Forstwesens.

Begründet von **A. Bernhardt.** Fortgeführt von **Friedr. Sprengel.**

Seit dem Jahre 1881 herausgegeben

von

W. Weise,

o. Professor an der technischen Hochschule zu Karlsruhe u. Forstrath.

Heft XIV. Das Jahr 1888.

Preis M. 1,20.

Die Chronik des Deutschen Forstwesens verfolgt den Zweck, in kurz gefaßter Darstellung eine Uebersicht über den Entwickelungsgang der forstlichen Dinge zu geben. Sie will das Interesse für das wirthschaftswissenschaftliche Leben unseres Faches in möglichst weite Kreise tragen, sie will anregen zum Studium der uns bewegenden Tagesfragen und zugleich, soweit es bei der Kürze der Darstellung überhaupt möglich ist, über den Stand der Angelegenheiten informiren.

Indem die Chronik diese Zwecke verfolgt, hat sie Werth für Alle, welche selten ein forstliches Buch in die Hand nehmen, hat sie Werth für die, welche, eingereiht in Journalzirkel, im Drange der Geschäfte nicht zum regelmäßigen Lesen kommen. Sie hat aber weiter auch Werth für die, welche die Literatur genau verfolgen, indem sie durch die Nachweise der Quellen die Auffindung derselben erleichtert und in kurzen Zügen das Gelesene noch einmal vor dem geistigen Auge des Lesers entrollt, das Gelesene leicht wieder wachruft. Indem sie diesem Punkte genügt, hat sie sich endlich auch als gutes Hülfsmittel bei der Vorbereitung zu dem forstlichen Staatsexamen bewährt. Sie wird von den Examinanden vielfach benutzt, um die zu dem Bestehen der Prüfungen so wichtige allgemeine Uebersicht über die Fortschritte von Wirthschaft und Wissenschaft zu erlangen.

Die unterzeichnete Verlagsbuchhandlung empfiehlt gleichzeitig die früheren Jahrgänge. Der ermäßigte Preis für die Jahrgänge I—X (umfassend die Jahre 1873—1884) beträgt M. 10,—; Jahrgang XI—XIII (1885—1887) kosten je M. 1,20.

Verlagsbuchhandlung von Julius Springer
in Berlin N., Monbijouplatz 3.

Chronik

des

Deutschen Forstwesens

im Jahre 1888.

Bearbeitet von

W. Weise,

o. Professor an der technischen Hochschule zu Karlsruhe u. Forstrath.

XIV. Jahrgang.

Berlin.
Verlag von Julius Springer.
1889.

ISBN-13: 978-3-642-90559-9   e-ISBN-13: 978-3-642-92416-3
DOI: 10.1007/978-3-642-92416-3

Inhalt.

1. Personalien.

1. Königreich Preußen.

Gestorben. Die Oberförster: Ulrich zu Beberkesa. Reichert zu Eichwald. Brune zu Uetze. Schulemann zu Carzig. Genth zu Dillenburg. Freiherr v. Schleinitz zu Grunewald. Happe zu Menz. Evers zu Alt=Sternberg. Klemme zu Oberkaufungen.

Pensionirt: Oberforstmeister Wagner zu Cassel.

Forstmeister Bando zu Chorin. Knorr zu Münden.

Die Oberförster: Rohrmann zu Riefensbeck. Allershausen zu Gifhorn. Otto zu Wennebostel. Höck zu Böhl. Wißmann zu Sprackensehl. Fratscher zu Uchte. Pich zu Rederitz. Ellenberger zu Bieber. Brösigke zu Neustettin.

Ernannt: Zu Oberforstmeistern: Forstmeister Küster zu Wiesbaden.

Zu Forstmeistern: Die bisherigen Oberförster Graf von der Schulenburg=Angern zu Oberhaus. Bublitz zu Waice.

Zu Oberförstern: Die Forstassessoren Michaelis. Scholz. Schultze. Meix. Melsheimer. Kelbel (Fj.). Bachmann. Moder=sohn. Jäschke (Fj.). Mantels. Wittig. Busold. Weber (Fj.). Drovs. Mantey. Terstesse. Romanus. Manger. v. Rechenberg.

2. Königreich Bayern.

Gestorben: Oberforstrath von Friedrich zu München.

Die Forsträthe: Gyßling zu Speyer. Hellwig zu Speyer.

Die Forstmeister neuerer Ordnung: Dechant zu Cadolzburg. Nachtigall zu Lambrecht. Wille zu Grönenbach. Schenk zu Roding.

Die Titular=Forstmeister: Keßler zu Kreuth. Limpert zu Klaushof.

Der Oberförster Habermann zu Weiltingen.

Der Forstamts=Assessor Schoberth zu Weihenzell.

Der Forstamts=Assistent älterer Ordnung: Fackler zu Würz=burg.

Der Förster neuerer Ordnung: Jägerhuber zu Sulzbach.

Pensionirt: Die Forstmeister neuerer Ordnung: Niederreuter zu Germersheim. Seiz zu Laufamholz. Singer zu Fischbach. Heckel zu Uffenheim. Fürther zu Lohr West. Fiedler zu Speyer.

Die Titular=Forstmeister: Kühlwein zu Lichtenau. Link zu Münchsteinach. Grod zu Grettstadt. Höflich zu Feucht. Sichermann zu Ipsheim. Nidermaier zu Lohr Ost. Einsele zu Passau.

Die Oberförster: Mantel zu Thaleischweiler. Kadner zu Saalachthal. Heller zu Unkenthal. Fritzl zu Hohenberg. Schumann zu Geisfeld. Kilp zu Burgebrach.

Die Förster neuerer Ordnung: Agerer zu Hindelang. Vogel zu Neuhemsbach. Siegert zu Kößlarn. v. Paur zu Pfenningbach. Ebert zu Süßenbach. Werner zu Langweil. Hörmann zu Birkenfels.

Ernannt: Zum Oberforstrath: Forstrath v. Krafft=Dellmensingen bei der Ministerialforstabtheilung.

Zum Forstrath: Forstmeister Engelhard bei der Ministerialforstabtheilung.

Zu Regierungs=Forstassessoren: Forstmeister Eßlinger zu Aschaffenburg. Koch zu Trippstadt. Beide bei der Regierungs=Forstabtheilung zu Speyer.

Zu Forstmeistern: Im Ganzen 59 Oberförster und bezw. Titular=Forstmeister.

Zu Forstamts=Assessoren: Die Forstamts=Assistenten älterer Ordnung: Kraus zu Auernheim. Schipper zu Raitenbuch. Bartholomä zu Sulzheim in Gochsheim. Mantel zu Griesbach. Moser zu Weihenzell. Franziß zu Geisfeld. Weiß zu Dannenfels. v. Koch zu St. Ingbert. Eder zu Erling. Sutor zu Hofolding. Rebhan zu Burggriesbach. Keller zu Geiersnest. Rath zu Hirnheim. Reuter zu Hohenberg. Sohlbank zu Trippstadt. Eisele zu Münchsteinach. Freiherr von Harsdorf zu Weiltingen. Schmid zu Kraußenbach. Werner zu Hinterweidenthal. Martin zu Schifferstadt.

Zu Förstern neuerer Ordnung: 18 Förster älterer Ordnung.

3. Königreich Sachsen.

Gestorben: Die Oberförster: Zacharias in Fischhaus. Hildebrand in Hartmannsdorf.

Pensionirt: Die Oberförster: Schulze in Kreiern. Bräuer in Röhrsdorf. Revierförster Täger in Rabenau.

Ernannt: Zu Oberförstern: Die Förster Rouanet. Fritzsche. Forstingenieur Glier.

Zu Förstern: Die Oberförsterkandidaten Böttcher. Rinck. Scheibe.

4. Königreich Württemberg.

Gestorben: Die Oberförster Jäger in Kirchheim. Huß in Gmünd.

Der Revieramts-Assistent Bühler in Derdingen.

Pensionirt: Forstmeister: Forstrath Burkardt in Ochsenhausen. Bechtner in Reichenberg.

Der Oberförster Roßhirt in Schrozberg.

Ernannt: Zum Forstmeister in Freudenstadt: Oberförster Nagel in Calmbach.

Zu Oberförstern: Die Forstamts-Assistenten Rampacher. Schlette. Hermann. Holland. Die Revieramts-Assistenten Wörz. Schauwecker.

5. Großherzogthum Baden.

Gestorben: Oberförster Kißling in Bruchsal.

Pensionirt: Die Oberförster: Vogt in Kork. Bastian in Philippsburg. Bleibimhaus in Freiburg. Schabinger in Durlach.

Ernannt: Zu Oberförstern: Die bisherigen Praktikanten: Thilo. Menzer. Bell. Ernst. Eckardt. Wittmer. Schwarz.

6. Großherzogthum Hessen.

Keine Veränderung.

7. Großherzogthum Mecklenburg-Schwerin.

Gestorben: Die Revierförster Suhr zu Poitendorf. Hennigs zu Schulenberg. Lüthke zu Glaisin.

Pensionirt: Die Revierförster Prillwitz zu Brudersdorf. Mecklenburg zu Spornitz. Krüger zu Grittel.

Ausgeschieden: Forstmeister Schmarsow in Rhena.

Ernannt: Zu Revierförstern: Die Forstgeometer Mühlenbruch. Schmidt. Kurztisch. Hagemeister. Wiencke.

8. Großherzogthum Sachsen.

Pensionirt: Forstmeister Volmer in Dornburg.

Die Oberförster: Briegleb in Ilmenau. Fitzler in Großebersdorf. Roethel in Schwansee.

Der Unterförster Hickethier.

9. Großherzogthum Mecklenburg=Strelitz.

Gestorben: Oberforstmeister von Kampz zu Wildpark.

10. Großherzogthum Oldenburg.

Gestorben: Der Revierförster Mangels in Upjever.

Angestellt als Revierförster: Zedelius in Upjever.

11. Herzogthum Braunschweig.

Der Cammerpräsident Griepenkerl ist zu Anfang des Jahres pensionirt und inzwischen gestorben. An seine Stelle ist Geh. Cammer=rath Baumgarten als Cammerdirector getreten.

Pensionirt: Forstmeister Beling in Seesen.

Die Oberförster: Krebs I. zu Braunschweig. Uhde I. zu Gr. Rohde. Ulrichs zu Braunlage.

Ernannt: Zu Oberförstern: Die Forstassistenten Uhde. v. Schütz. Nehring. Koch.

12. Herzogthum Sachsen=Meiningen.

Gestorben: Die Oberförster: Götz zu Neuhaus. Brand zu Gräfenthal.

Pensionirt: Die Oberförster: Gloeßlein in Themar. Thomas zu Lehesten. Breitung zu Frauenbreitung. Kayser zu Neuhaus.

Ernannt: Zu Oberförstern: Die Herzogl. Förster Benz für Igelshieb. Schröder für Breitungen. Greiner für Neuhaus. Werner für Gräfenthal. Eichhorn für Schweina. Johannes für Lehesten.

13. Herzogthum Sachsen=Altenburg.

Gestorben: Forstmeister: Herzogl. Revierverwalter Mehlhorn.

14. Herzogthum Sachsen=Coburg=Gotha.

Pensionirt: Die Oberförster: Wagenführer in Schnellbach. Zangemeister in Mönchroden.

Zur Disposition gestellt: Oberförster Neuschild in Winterstein.

Ernannt: Kellner, bisher Oberförster zu Tabarz, zum Hilfs=beamten im Herzogl. Staatsministerium unter Beibehaltung seines bisherigen Titels.

Zum Chef einer Oberförsterei mit dem Titel Oberförster: Förster Uhl zu Hinterriß in Tirol für Schnellbach. Eckold in Klein=schmalkalden für Tabarz. Forstassistent Fritsch in Kindlau.

Zum Revierverwalter: Forstassistent Hofmann in Zella. Lerp in Tambach (provis.).

15. Herzogthum Anhalt.

Keine Veränderung.

16. Fürstenthum Schwarzburg-Sondershausen.

Gestorben: Forstinspector Treffurth.
Pensionirt: Oberförster Fischer in Stockhausen.

17. Fürstenthum Schwarzburg-Rudolstadt.

Gestorben: Revierförster Rudolph zu Quittelsdorf.
Pensionirt: Forstmeister Obstfelder in Katzhütte.

18. Fürstenthum Waldeck.

Gestorben: Oberförster Striepeke zu Gellershausen.
Pensionirt: Oberförster Schmidt zu Landau.
Titular-Forstinspector Rickelt zu Rohden.
Ernannt: Zum Oberförster: Oberförsterkandidat Dr. Hartwig.
Das Revier Gellershausen ist dem Oberförsterkandidaten Spitz übertragen.

19. Fürstenthum Schaumburg-Lippe.

Gestorben: Die Oberförster: Weitemeyer zu Baum-Landwehr. Kähler zu Hagenburg.

20. Fürstenthum Lippe-Detmold.

Keine Veränderung.

21. Fürstenthum Reuß j. L.

Keine Veränderung.

22. Elsaß-Lothringen.

Gestorben: Oberforstmeister v. Witzleben in Colmar.
Oberförster Tobias in Schlettstadt.
Pensionirt: Die Forstmeister: Baum und Wohmann in Straßburg.
Ernannt: Zum Oberforstmeister: Der Dirigent des Forst-einrichtungsbureaus Forstmeister Reinhardt beim Bezirkspräsidium in Colmar.
Zu Forstmeistern: Die Oberförster v. Daacke in Mühlhausen. Kaysing in Straßburg.
Zu Oberförstern: Die Forstassessoren v. Hünerbein. Vollig.

Uebertragen: Dem Oberförster Carl, bisher in Bitsch, die Stelle des Dirigenten beim Forsteinrichtungsbureau, dem ständigen Hülfs=arbeiter im Ministerium Oberförster Freiherrn v. Berg die Ober=försterei Straßburg, dem Forstassessor Stengel die Verwaltung von Albersdorf.

Bei den forstlichen Hochschulen sind folgende Aenderungen zu verzeichnen:

Eberswalde. Professor Lüerssen wurde nach Königsberg an die Universität berufen. Für ihn trat ein Dr. Schwarz, bisher Privat=docent zu Breslau.

Für den Amtsgerichtsrath Rätzell hat Kammergerichtsrath Dr. Olshausen die Vorlesungen über Rechtswissenschaft übernommen.

Forstmeister Bando ist in den Ruhestand getreten und für ihn Oberförster Dr. Kienitz von Münden berufen.

Münden. Dem Oberförster Michaelis wurden an Stelle des nach Oderhaus versetzten Oberförsters Kalk die Functionen eines forst=technischen Lehrers an der Akademie übertragen.

Forstmeister Knorr ist pensionirt und für ihn Oberförster Uth zu Salmünster berufen.

Dr. König, commissarischer Verwalter der Oberförsterei Gahren=berg, ist mit der Dienstleistung eines forsttechnischen Lehrers beauf=tragt. Der bisherige Oberförster für Gahrenberg, Dr. Kienitz, ist nach Chorin und damit an die Akademie Eberswalde versetzt.

Karlsruhe. Forstrath Schuberg übernahm für das Studien=jahr 1888/89 das Directorat.

Dr. Endres wurde zum außerordentlichen Professor ernannt.

Gießen. Der bisherige außerordentliche Professor Dr. Wimme=nauer wurde zum ordentlichen Professor ernannt.

2. Witterungsbericht.

Der Winter 1888 überbot an Schneereichthum noch seinen Vorgänger. Geradezu verhängnisvoll wurden aber die Schneemassen, die der März brachte, denn mit dem darauf eintretenden allgemeinen Thauwetter setzte, wie das nur zu natürlich bei der vorgerückten Jahreszeit war, eine rasche Schneeschmelze ein. An vielen Orten wurde sie noch beschleunigt durch heftige warme Regengüsse. Die Folge davon waren bedeutende Überschwemmungen, die namentlich im östlichen Theil von Deutschland unendlichen Schaden verursachten.

Ein trockenes Frühjahr folgte, um dann einem Sommer Platz zu machen, den man aller Orten nur mit naß und kalt bezeichnen konnte. Der Juli hatte auf den meisten metereologischen Stationen keinen Sommertag. Schon im September traten bei sonst ziemlich normalem Wetter zahlreiche Nachtfröste ein. Um den Reigen widriger Ereignisse voll zu machen, schickte der beginnende Winter eine Kältewelle voran, so früh, daß die Landwirtschaft dadurch mancherlei Nachtheil erlitt. November und Dezember verliefen normal.

Das Jahr 1888 ist in seinen Witterungserscheinungen so ungünstig wie nur möglich gewesen. Gebt Streu! diese Forderung wird von der Landwirthschaft treibenden Bevölkerung in umfangreichem Maße erhoben werden und der Wald wird viel abgeben müssen. Etwas Gutes können wir aber doch diesem Jahre nachsagen: Baumfrüchte aller Art sind in reichen Mengen gewachsen, namentlich aber ist es ein Buchenmastjahr geworden, wie es besser kaum gedacht werden kann.

3. Aus Wirthschaft und Wissenschaft.
a. Allgemeines.

Fürst. Illustrirtes Forst= und Jagdlexikon. Berlin, Parey. (Chron. XIII. S. 12.)

Lorey. Handbuch der Forstwissenschaft. Tübingen, Laupp. (Chron. XIII. S. 13.)

Heß. Encyclopädie und Methodologie der Forstwissenschaft. 2. Theil. Die forstliche Productionslehre. 1. Lieferung. Waldbau und Forstschutz. Nördlingen, Beck.

Kottmeier. Kurzer Leitfaden zum forstlichen Unterricht an landwirthschaftlichen Schulen und practisches Handbuch für den Privatwaldbesitzer. Hannover, Hellwing.

Westermeier. Leitfaden für das Preußische Jäger= und Förster=Examen. Sechste vermehrte und verbesserte Auflage. Berlin, Springer.

Preußens landwirthschaftliche Verwaltung in den Jahren 1884 bis 1887. II. Band. Die Domänen= und Forstverwaltung. Berlin, Parey.

An der Hand des vorliegenden Materials sucht Dr. Hornberger in den F. Bl. S. 225 den Einfluß des Waldes auf das Klima des freien Landes klar zu legen und kommt dabei zu dem Ergebnisse, daß theoretisch betrachtet der Wald wohl eine klimatische Wirkung auf seine Umgebung auszuüben vermag, daß Erwägungen derselben Art diese Wirkung aber als nicht sehr bedeutend erkennen lassen, ferner daß wir in Betreff der Größe dieser Wirkung und ihrer Erstreckung über das Freiland bis jetzt nur sehr wenig positive Daten besitzen, solche jedoch die geringe Einwirkung ebenfalls erkennen lassen; endlich daß dem gegenüber bis jetzt keine als exact anzuerkennende Daten bekannt sind, welche die landläufige Ansicht stützen können, daß jener Einfluß von erheblicher Bedeutung sei. Nicht uninteressant ist es dagegen, die Grundzüge der Hyetopographie Böhmens (Prag, Rivnac 1887) zu stellen. Sie bieten ein seit Jahren gesammeltes Material über die auf 700 Stationen angestellten Regenbeobachtungen und zwar in kritischer Sichtung und wissenschaftlicher Bearbeitung. Dabei kommt Verfasser zu dem Ergebniß, daß die Bewaldung einen sehr beachtenswerten Einfluß anf die Vermehrung des Regenfalls und die Regenhäufigkeit äußert. (Da. Z. S. 34.) Und wiederum möchte ich dagegen an die Frage erinnern, die Borggreve in den Forstlichen Blättern im Juli stellte. Wer hat jetzt noch nicht genug vom Regen? Wer möchte angesichts eines derartig nassen Sommers, wie wir ihn 1888 gehabt haben, es noch aufrecht erhalten, daß man den Wald in Deutschland vermehren müsse, um mehr Regen zu haben?

Die Bodentemperaturen sind von Schubert-Eberswalde nach den Aufzeichnungen der metereologischen Stationen besprochen. Die Schwankungen der Temperatur werden nach unten hin verringert und die Eintrittszeiten der Extreme verzögert. Im Kiefern-Walde treten die Minima und Maxima der Temperatur im Durchschnitt 5—10 Tage später ein als auf dem Felde. Für alle Tiefen liegen im Walde die Minima höher, die Maxima tiefer als auf dem Felde. Der Einfluß des Waldes auf die Erhöhung der Minima ist geringer, als der auf die Erniedrigung der Maxima. Letztere sind im Walde um 2,5 bis 3° niedriger als auf dem Felde. Im Winter ist der Boden im Walde in ein und derselben Tiefe wärmer, im Sommer kälter als im Freien. (Danck. Z. S. 18.)

In derselben Zeitschrift S. 728 sind dann die Beobachtungs= ergebnisse für die im Buchenwalde gelegene Station Melkerei gegeben.

Ebermayer-München stellte durch Untersuchungen fest, daß der Waldboden den Bäumen keine oder nur Spuren von salpetersauren Salzen barbietet, und daß sie von diesem Nährmittel keinen oder nur sehr geringen Gebrauch machen können. Aus dem schwarzen Waldhumus können die Bäume aber sowohl ihre Stickstoffnahrung, als auch die erforderlichen Mineralsalze beziehen. (Allg. F. u. J. Z. 274.)

Prof. Dr. Müttrich wünscht durch eine Besprechung der phänologischen Beobachtungen das Interesse an diesen zu beleben. Dabei geht er auf die Art und Weise, wie die Resultate aus den Beobachtungen gewonnen sind und werden näher ein und legt die nächsten Ziele klar. Er befindet sich betreffs dieser in voller Übereinstimmung mit Hoffmann = Gießen. Er will also u. a. durch die weiteren Beobachtungen die wahren Mittel für den Eintritt der Phasen anstatt der provisorischen feststellen, Karten entwerfen, das Netz möglichst weit ausdehnen und die Accomodationsfähigkeit der Pflanzen an ein örtliches Klima studiren. Ein zweiter Theil des Aufsatzes beschäftigt sich mit Widerlegung des von mir (Allg. F. u. J. Z. 1887 S. 1) Geschriebenen. Dabei muß ein Irrthum meinerseits zugegeben werden: Hoffmann hat nämlich die Gleichzeitigkeit der Phase „Beginn des Schälens" bei den beiden heimischen Eichenarten nicht behauptet. Er nennt aber für die Phasen, erste Blattentfaltung und Waldgrün, bei beiden Eichenarten ein gleiches Datum! Der Schwerpunkt meiner Auseinandersetzungen lag übrigens darin, daß die Feststellnng des Eintritts für irgend eine Phase in zu erheblichem Maße vom subjectiven Ermessen des Beobachters abhängt. (Da. Z. S. 321.)

v. Fischbach vertritt (Danck. Z. S. 577) die Ansicht, daß die Erhaltung einer genügenden Bewaldung in wohl gepflegten Forsten einem Lande nur dann wirksam gesichert werden kann, wenn sämmtlicher Wald in den Besitz der todten Hand kommt. v. F. hofft, daß unser künftiges bürgerliches Gesetzbuch die echte deutsche Einrichtung des Familienfideikommisses auch fernerhin zum Nutzen kommender Geschlechter fortbestehen und ihr alle zulässige Förderung angedeihen lasse.

b. Waldbau.

Fürst. Die Pflanzenzucht im Walde. Ein Handbuch für Forstwirthe, Waldbesitzer und Studirende 2. vermehrte u. verbesserte Aufl. Berlin, Springer.

Weise. Leitfaden für den Waldbau. Berlin, Springer.

Barkhausen. Zwanglose Beiträge zur Kenntniß der forstlichen Verhältnisse im Kgl. Preuß. Reg.=Bez. Lüneburg mit besonderer

Berücksichtigung der Aufforstungsbestrebungen daselbst. Hannover, Helwig.

Borggreve. Die Verbreitung und wirthschaftliche Bedeutung der wichtigeren Waldbaumarten innerhalb Deutschlands. (Stuttgart, Engelhorn.

Dietz. Femelartige Wirthschaft mit Horsten von ungleichartigem Wachsthum. Bamberg, Buchner.

v. Binzer. Holzpflanzenkalender für Forstmänner. Leipzig, Voigt.

Den Bericht aus der Journalliteratur beginnen wir mit Mittheilungen aus dem Kulturbetriebe.

Moosmayer berichtet über das Gedeihen der Fichtenpflanzungen auf der Hochebene der schwäbischen Alb mit Bezugnahme auf die Grasmann'schen Untersuchungen (Chron. XII S. 24. XIII S. 16.) Danach ist das Bild der jüngsten Pflanzungen zwar bedenkenerregend, da kaum 10% der Pflanzen zu finden sind, welche nicht in Folge von Frost und Wildverbiß zwei und mehrfache Gipfelbildung aufzuweisen hätten. Die jetzt älteren Pflanzungen haben aber früher das gleiche Bild gezeigt und nur in den Frostlagen hat es sich nicht zum Besseren verwachsen. M. sucht die Ursache der Doppelwipfel in äußeren Einwirkungen (Allg. F. u. J. S. 77.)

Reuß-Goßlar kommt bei einer vergleichenden Untersuchung über die Widerstandsfähigkeit der aus Einzel- und Büschelpflanzung hervorgegangenen Fichtenbestände zu folgendem Ergebniß: Die größte Widerstandsfähigkeit zeigt die Einzelpflanzung gegenüber der Büschelpflanzung im jüngeren Alter. Mit Zunahme von Alter, Höhe und Schluß scheint der Unterschied zwischen Büschel- und Einzelpflanzung bezüglich des Verhaltens gegen Schneebruch immer mehr zu verschwinden. Man kann annehmen, daß nach erreichtem Stangenholzalter, wenn infolge der Durchforstungen oder des natürlichen Unterbrückungskampfes der aus Büschelpflanzung hervorgegangene Hauptstamm in gleicher Weise seine Aeste und Wurzeln entwickeln kann, wie der aus Einzelpflanzung erwachsene, Bestände der verschiedenen Begründungsart keinerlei Unterschied mehr in Bezug auf Widerstand gegen Schneebruch zeigen werden, zumal auch in diesem Alter der eigentümliche stufige Schaftwuchs der Einzelpflanze infolge der gleichen Schlußverhältnisse verschwunden ist. Gelingt es, wie zu erwarten, durch Erziehung der Bestände aus Einzelpflanzung die Schneebrüche in den Fichtendickungen erheblich zu vermindern, so ist schon viel gewonnen.

Der empfindliche Schaden in Beständen, die sich kaum verwerthen lassen, würde wenigstens auf ein erträgliches Maß zurückgeführt werden.

Auf sehr armem Sandboden in Dobrilugk hat man die Beobachtung gemacht, daß die Cultur in vertieften Pflugfurchen und Hackstreifen ganz besonders Noth litt und ist deshalb dazu übergegangen, die Pflugwälle zur Pflanzung zu benutzen. Der Erfolg davon ist ein guter, auch auf den dürrsten Bodenstellen hat die Erhöhung des Pflanzenstandes sich nützlich erwiesen. Die Wälle werden mit starken Pflügen aus der Fabrik von Eckert hergestellt. Man läßt dann den Boden sich setzen und bepflanzt die Wälle in gewöhnlicher Weise. Der Vortheil der Methode liegt darin, daß durch die Ueberschüttung der Haidewuchs zurückgehalten wird und andrerseits den Kiefern das vorhandene Humuskapital in verstärkter Weise zu Gute kommt. Der Berichterstatter Scott-Preston (Danck. Z. S. 513) erwartet — wohl mit Recht —, daß ein dem Pflügen voraufgehendes Abbrennen des Bodenüberzuges weitere Vortheile bringen würde.

Leider scheint es sich zu bestätigen, daß Pinus rigida, die wir anbauen, nichts mit dem hochwerthigen Pitch pine Holz zu thun hat. P. rigida ist ein Baum, der in der Regel Brennholz, selten Nutzholz liefert.

Mit dem Beginn einer geregelten Verbauung der Wildbäche in Oesterreich ist auch an die Anzucht der Zürbelkiefer in größerem Maßstabe gedacht. Man verspricht sich gute Dienste von ihr in den Wildbachgebieten. In Folge eines Antrages der Forst- und Domainendirection Gmunden sind vom Ministerium die Mittel zur Anlage eines Centralpflanzgartens bewilligt. Er ist, wie wir (Wiener C. S. 66) erfahren, im K. K. Bezirk Hinterberg im steiermärkischen Salzkammergute 1885 angelegt. Die Aussaat erfolgt in Saatkästen, die Schutz gegen das Eindringen von Mäusen durch Drahtgitterdeckung und Herrichtung des Bodens aus Ziegelsteinen oder Glasscherben bieten. 1887 hat die Verschulung begonnen, wobei das Setzholz angewendet wurde.

Zdarek empfiehlt (Wiener C. S. 294) die Aufbewahrung der Samen von P. cembra in Zapfen an einem nicht dumpfigen Orte. Die Zapfen zerfallen beim kleinsten Druck, Z. hat daher während des Säens die Zerbröckelung derselben vornehmen und den Samen sammt den Schuppen unter die Erde bringen lassen. Das Resultat war stets ein gutes.

Nach Metlitzky's Beobachtungen O.-F. Z. 39 erhält man bei Zürbelsamen die besten Ergebnisse, wenn man ihn Mitte November sammelt, zur Nachreife 3—4 Wochen auf einem luftigen Boden 30—40 cm hoch aufschichtet, täglich umschaufelt und ihn endlich in Gruben mit Sand untermengt überwintert.

Der O. B. f. Forstwesen S. 42 entnehmen wir die Nachricht, daß in Tirol an Lärchensamen 5—600 Metercentner (ausnahmsweise 1000) gewonnen werden, wovon mindestens zwei Drittel an deutsche Firmen gehen. Eine Einfuhr nach Tirol hat noch niemals stattgefunden.

Forstrath Krömmelbein in Varel macht Mittheilungen über die Lärchenzucht im Oldenburgischen und wir hören daraus die interessante Thatsache, daß es dort gelungen ist durch eine entsprechende und dauernd durchgeführte Zuchtwahl geradwüchsige Lärchen zu erziehen. Der Same wird, wie das schon in Burckhardt, Säen und Pflanzen, beschrieben, auf Sonnendarren gewonnen. Daß die dabei angewandte Hülfe öfteren Tränkens der Zapfen mit Wasser mit den Vorgängen in der Natur übereinstimmt, ist von mir Da Z. 1887 S. 5 nachgewiesen. Die Lärchenbestände sollen ziemlich weitständig angelegt, gut durchforstet und später mit Buchen unterbaut werden. K. empfiehlt Mischung mit der Fichte nicht, wohl aber mit der Kiefer.

Weise hat beobachtet, daß geradgewachsene junge Lärchenstämmchen aus geschlossenen Saaten krumm wurden, wenn man ihnen durch Verschulung größeren Wachsraum gab. (Aus d. Walde 51.)

Obf. Brecher berichtet aus Zöckeritz, daß die beiden Eichenarten auch dort örtlich völlig getrennt auftreten und zwar in der bekannten Weise so, daß die Stieleiche die Niederungen, Traubeneiche ausschließlich das lehmige Vorbergsterrain inne hat. Die Stieleiche wächst auf ihrem Standort bedeutend schneller, so daß sie in 100 Jahren erreicht, was die Traubeneiche in 200 erreicht, das Holz der letzteren ist aber mehr geschätzt, auch bringt sie häufiger Samen und vielen natürlichen Aufschlag. Freisaaten gelingen fast nur mit der Stieleiche.

Ueber den Anbau der Carya und Juglansarten hören wir von Schwappach, daß zu dem Gedeihen dieser Holzarten vor allen Dingen guter Boden gehört, dann geschützte frostfreie Lage, horstartige Erziehung, tiefe Bodenbearbeitung. Diese ist im Herbst zu machen, die

Nüsse muß man vorkeimen lassen. Die Saatstreifen sind zu hacken. Zwieselbildung ist rechtzeitig zu unterdrücken. (Danck. Z. S. 14.)

Acer californicum macht nach Brecher (Allg. F. u. J. Z. S. 228) mehr Ansprüche an Bodenfeuchtigkeit als die Eiche. Er scheint sogar an Feuchtigkeit gebunden zu sein. Gebirgsboden sagt ihm mehr zu, als Tieflagen. Seitenschutz ist erwünscht. Aeußerlich zeigt er sein Wohlbefinden in der frischen, grasgrünen oder bläulichen Farbe der Rinde an sämmtlichen Zweigen, bräunlichrothe, gelbliche und graue Färbung zeigt ein Kränkeln an.

Obf. Zschimmer gewährt uns Th. J. S. 23 einen Ueberblick über den Anbau der Korbweide, wobei er namentlich auf die Kra= heschen Weidenanlagen bei Geilenkirchen und Prummern zurückgreift und auf die dort gemachten Erfahrungen. Z. hat die Anlagen be= sucht, auch sonst sich mit dem Gegenstande eingehend beschäftigt, weil er das Referat 1887 im sächs. Forstverein hatte über den An= bau der Korbweide. Um so mehr Anspruch auf Beachtung verdient es, wenn Z. vor dem Zuweitgehen warnt.

v. Wickede machte uns im Mecklbg. F. V. mit günstigen Er= folgen bekannt, die mit Erziehung von Bruchpflanzen (Erle 2c.) auf Moorwiesen durch Uebersanden erzielt seien. In dem Forstgarten in der Lewitz wurden bei guter Ent= und Bewässerung auch Eichen, Buchen und Nadelhölzer gezogen. (Danck. Z. S. 620.)

Versuche mit Stummelpflanzen lassen es zweckmäßig erscheinen, die Stummel bei Esche und Bergahorn 4—6 cm lang zu belassen. Die Eiche ist, wie üblich, tief zu stummeln, bei der Akazie zeigt sich kein nennenswerther Unterschied zwischen den an 2, 4 und 6 cm langen Stummeln entwickelten Ausschlägen (v. B. C. S. 297).

Obf. Melichar läßt die Fehler, die beim Verschulen durch An= wendung nicht geeigneter Methoden entstehen können an uns vorüber= ziehen. Er verwirft zwar Steckholz und Klemmeisen nicht, will sie aber nur für Pflanzen mit geeigneten Wurzelsystemen angewendet wissen. Nach M.'s Beobachtungen läßt sich ein natürlich geformtes Wurzelsystem am besten in Wanderkämpen erzielen. Die Abhandlung ist durch eine Reihe von Naturdrucken illustrirt. (Wiener C. S. 209.)

Zur Erziehung der Bestände übergehend, nimmt die Frage der Bestandsstellung den breitesten Raum ein. Als Vorstudie für die Beantwortung möchte zuerst die König'sche Arbeit (F. Bl. S. 358) zu berühren sein: Versuchsergebnisse betr. das Wachsthum unserer

Waldbäume bei ausgeschlossener directer Bestrahlung durch die Sonne. Demnach wird unter völligem bezw. fast völligem Ausschluß der Wuchs der wichtigeren unserer Holzpflanzen wenigstens im ersten Jahrzent ihres Lebens nicht in erkennbarer Weise geschädigt und ebensowenig das Verhältniß der Jugendschnellwüchsigkeit der einzelnen Holzarten verändert. Die Rangordnung des Schirmdruckerträgnisses wird folgendermaßen gegeben: Tanne, Eiche, Fichte, Buche, Birke, Kiefer. Auch eine kleinere Mittheilung dürfte nicht übergangen werden. Nach Wanger soll nämlich die Weißtanne nicht nur am Wipfeltrieb spitze Nadeln haben, er sieht vielmehr eine Abhängigkeit zwischen Nadelform und Lichtgenuß. Ist dieser groß, so werden die Nadeln kantig spitz und nach allen Seiten abstehend, ist er klein, so stellen sich die Nadeln zweizeilig nnd werden an den Spitzen stumpf und ausgerandet. (Der pract. Forstw.)

Von den mehr allgemeinen Erörterungen über die Handhabung des Läuterungs- und Durchforstungsbetriebes stellen wir das voran, was Burckhardt s. Z. in Hännöv. Münden über Durchforstungsgrade gelehrt hat. Er wollte unterscheiden: Stämme 1. Klasse vorherrschend, 2. Klasse mitherrschend, 3. Klasse mäßig herrschend, 4. Klasse gering herrschend. Diese 4 Klassen bilden den Hauptbestand gegenüber dem Nebenbestand: Klasse 5 übergipfelt, Klasse 6 unterdrückt. Die dunkle Durchforstung erstreckt sich auf Klasse 6, die mäßige auf 5 und 6, die starke umfaßt 4, 5, 6, noch stärkere Durchforstungen erfordern die gleichzeitige Erziehung von Unterwuchs.

Die Gedanken eines Practikers (Allg. F. u. J. Z. S. 379) gehen dahin, daß man mit den Durchforstungen nicht zu früh beginnt und niemals vergißt, daß der enge Stand für die Nutzholzerziehung nothwendig ist.

Oberförster Arndt weist (Danck. Z. S. 596) zur Durchforstungs= frage darauf hin, daß der Läuterung eine viel größere Bedeutung beizumessen ist als der eigentlichen Durchforstung, daß sie für diese sogar eine unerläßliche Vorbedingung ist. Der zurückbleibende Stamm erscheint in seiner Zuwachsohnmacht und den damit in Zusammen= hang stehenden geringen Ansprüchen an Nahrung nicht erheblich einfluß= reich, so lange der Höhenzuwachs des benachbarten herrschenden Stammes stark ist. Die Gesammtsumme der unterdrückten Stämme bildet aber eine nicht zu verachtende Schutzmauer gegen den aus= hagernden Wind. Werden unterdrückte und zurückbleibende Stämme

entfernt, so bessert sich wohl das Aussehen des Bestandes, eine er=
ziehende Thätigkeit ist aber nicht damit verbunden. Viel vortheilhafter
ist es, mit der größten Vorsicht hin und wieder einen dominirenden
Stamm zu entnehmen. Der Durchforstungsbetrieb wird zu dem
Zeitpunkt sehr wichtig, wo das Haupthöhenwachsthum beendigt ist.
Kam es vorher darauf hauptsächlich an, astreines Holz zu erziehen,
so soll es sich nun in die Breite legen. Da wird der zurückbleibende
Stamm, der vorher durch rasches Überwachsenwerden bald ohnmächtig
wurde, ein wirkliches Hinderniß und muß entfernt werden.

Landolt läßt in der Schw. Z. S. 2 die neuen Durchforstungs=
theorien und ihre Beziehungen zur Praxis an uns vorüberziehen und
knüpft daran die Bemerkung, wie sie noch nicht so abgeklärt sind,
daß man die eine oder andere zur Anwendung im Großen empfehlen
darf, daß sie dagegen Beachtung verdienen und zu prüfen sind. Vor
allem sollten die Versuche über Lichtungszuwachs fortgesetzt werden
und namentlich darüber, welchen Einfluß die Lichtung auf die Wider=
standsfähigkeit der Bestände gegen nachtheilige äußere Einwirkungen,
auf den Zustand des Bodens und die Verjüngung hiebsreifer Nutz=
hölzer ausübt. Der Einfluß der Verjüngung ist noch am wenigsten
abgeklärt. Würde es gelingen, den zur Zeit der Lichtung nach=
zuziehenden Bodenschutzholzbestand 30 und mehr Jahre lang so zu
erhalten, daß er nach Wegnahme der alten Bäume als neuer Nutzholz=
bestand betrachtet und behandelt werden könnte, so wäre damit sehr
viel gewonnen. L. hält es aber für wahrscheinlich, daß ein solches
Ziel nur unter besonders günstigen Verhältnissen erreicht werden
kann, und immer würde zu Gunsten des Jungbestandes ein Theil
der Stämme früh d. h. unter Verzicht auf volle Ausnutzung des
Lichtstandszuwachses gehauen werden müssen.

Im schweiz. Forstverein nahm Landolt dahin Stellung, daß er
sagte: Man halte an den bewährten Regeln fest, sorge aber con=
sequenter als bisher dafür, daß alle schadhaften und mißbildeten
Bäume rechtzeitig ausgehauen und die Bestände von der Zeit an, wo
sie sich in ausreichender Weise von Ästen gereinigt haben — ohne
Bloßlegung des Bodens — so durchforstet werden, daß der Lichtungs=
zuwachs zur Geltung kommen kann. Man bemühe sich, die Durch=
forstungen auch da auszuführen, wo sich der Aushieb des unterdrückten
Holzes nicht lohnt, beschränke dieselben aber hier der Kostenersparniß
halber auf Wegnahme der beherrschten und schadhaften Bäume.

Auch in der Versammlung thüring. Forstwirthe wurden die Grund=
sätze der Durchforstungen besprochen. (Danck. Z. S. 735.) Grebe
leitete hier das Thema ein unter Hinweis auf die Wichtigkeit der
Frage und auf die bezüglich derselben bestehenden Kontroversen.
Daran schloß sich der Berichterstatter Obfm. v. Ketelhodt, um
namentlich Gesichtspunkte aus der Praxis hervorzuheben, z. B. die Be=
schaffung eines Marktes für Durchforstungshölzer durch Angebot, die
Schätzung der Durchforstungserträge. In letzter Beziehung schlägt
er vor: Man solle von dem zu durchforstenden Bestande Alter,
Stammzahl, Durchmesser des Mittelstammes bestimmen und die
Resultate mit einer Ertragstafel vergleichen. Letztere geben das
mittelst der Durchforstung anzustrebende Ziel, und der Grad der
Durchforstung wird bestimmt von der Größe der Differenz zwischen
Normaltafel und wirklichem Bestand. Aus den Verhandlungen heben
wir dann noch die auf Bohrungen begründeten Mittheilungen von
Matthes hervor. Demnach würde z. B. in angehend haubaren und
in haubaren Buchenbeständen auf guten und mittleren Böden die
Masse bis auf 200 fm gemindert werden können, ohne den Massen=
zuwachs unter den des Vollbestandes zu drücken. Wünschenswerth
wäre es, wenn die Methode, nach der die Bohrungen erfolgten, auch
weiteren Kreisen bekannt gegeben würde.

Obf. Frömbling wendet sich gegen die Ausnutzung des Lichtungs=
zuwachses um jeden Preis; denn den vermeintlichen Vortheilen stehen
wesentliche Gefahren gegenüber. Die Durchforstungen sind stets nur
mäßig zu handhaben, wenn man die Bodenkraft nicht schwächen will.
Die ersten Anfänge einer Bodenbegrünung zeigen in der Regel die
äußerste Grenze der Durchforstungen an, welche der Wirthschafter
nicht überschreiten darf, will er sich nicht der Vergeudung nutzbarer
Kräfte und Stoffe schuldig machen. F. vertritt die Ansicht, daß
unsere seitherige Wirthschaft durchaus keiner sehr einschneidenden
Neuerungen und Erfindungen von Betriebsmethoden bedarf, um dem
Lichtungszuwachse vollauf gerecht zu werden. Seine bedeutungsvollste
Zeit im natürlich zu verjüngenden Hochwald ist mit Eintritt des
Bestandes in die Vorbereitung gekommen. Der Ursprung des
Lichtungszuwachses ist fast ausschließlich im Boden zu suchen, nicht
in der vermehrten Blattmasse. Die Unterbrechung des Schlusses ruft
eine raschere Zersetzung des Rohhumus, eine reichere Ernährung hervor
und damit den Lichtungszuwachs. Er kann nur da eintreten, wo

bisher schlummernde Kräfte geweckt werden konnten. Wo solche fehlen, bleibt auch der Lichtungszuwachs aus; die Lichtung wirthschaftet leicht das aufgespeicherte Nährkapital zu rasch ab, und dann ist der vermehrte Zuwachs nicht mehr als Gewinn anzusehen, ja wir können geraden Wegs zu einer Raubwirthschaft kommen. (F. Bl. S. 169.)

In den praktischen Erfahrungen über den Lichtungszuwachs giebt Bretschneider, nachdem er die Bedingungen besprochen hat, von denen dieser Zuwachs abhängig ist, eine Reihe von Untersuchungen namentlich an Nadelhölzern, aber auch an Esche, Eiche, Buche, Hainbuche. Überall ist das Stammzuwachsprozent vor der Lichtung erheblich niedriger als nach derselben. Wiener C. S. 535.

Dr. Walther schreibt nach den im Revier Grebenau gesammelten Erfahrungen über den Wuchs der Kiefer: Eine werthvolle Waare kann nur erzogen werden durch gedrängten Stand in der Jugend. Die Bestände müssen behufs natürlicher Reinigung sich selbst überlassen bleiben; einzelne Vorwüchse sind rechtzeitig bei der Heegreinigung zu entfernen. Durch nicht zu frühe Durchforstung begünstige man die Unterdrückung der Seitenäste und nehme sie, wo es nicht von selbst eintreten will, mit der Säge fort. Man durchforste Anfangs ganz schwach und erst nach vollzogener Schaftreinigung und stattgehabtem Unterbau kräftiger, dann kann auch eine Lichtstellung erfolgen. Der Abtrieb soll je nach den Zuwachsverhältnissen der Stämme eintreten derartig, daß womöglich alle ihr Maximum an Masse und Werth erreichen; deshalb darf man niemals allein nach dem Massenzuwachs fragen, sondern immer auch nach dem Werthszuwachs. F. Bl. S. 101.

Die wirthschaftlichen Leistungen des Voll- und Abtriebsbestandes bei der Kiefer, wie sie v. Fischbach Sigmaringen herleitet, führen ihn zu folgenden Sätzen: Unsere im Schlusse erzogenen regelmäßigen Vollbestände enthalten — abgesehen vom Neben- und Zwischenbestand eine größere Zahl von Stämmen, welche an der Erzeugung des Haubarkeitsertages gänzlich unbetheiligt sind. Deshalb entspricht die bei den Durchforstungen bisher als Regel geltende Schonung der Gesammtheit aller herrschenden Stämme nicht den Anforderungen, welche im Interesse einer sachgemäßen Pflege der wirthschaftlich viel wichtigeren Stämme des Abtriebsbestandes zu stellen sind. Diese thätigsten Glieder unserer Vollbestände müssen schon in den jüngeren Altersstufen mit größter Aufmerksamkeit ins Auge gefaßt und in ihrer

Entwickelung gefördert werden, da eine jede auch die geringste Er=
höhung ihrer Leistungen dem werthvollsten Theile der gesammten
Holzerzeugung, dem Haubarkeitsertrage unverkürzt zu gute kommt.
Diese in solchem Umfange behaupteten Sätze stehen und fallen mit
den Rechnungen, die v. F. mittheilt. Deshalb ist zu beachten, daß
v. F. die Masse, welche die im haubaren Bestande vorhandenen
Stämme in früheren Zeiten hatten, nach dem jeweiligen Mittel=
stamm des ganzen jüngeren Bestandes bemißt, während doch der
Mittelstamm der Haubarkeitsstämme in früherer Zeit zu den stärksten
gehört. (Danck. Z. S. 449.)

Wagener antwortet Allg. F. u. J. S. 128 darauf (Chron.
XIII. S. 35), wie es möglich, daß rechnungsmäßig ein Bestand im
Ganzen weniger zuwachsen kann, als die von den stärksten Stämmen
gebildete halbe Stammzahl. Die Auflösung des Räthsels liegt natür=
lich in einer geschickten Zahlengruppirung.

Schwappach giebt uns die Ergebnisse von Durchforstungs=
versuchen in Buchen. Der Massenertrag während der Versuchs=
periode blieb bei derselben fast gleich. Die Dimension des Mittel=
stammes nahm am meisten zu bei der mäßigen Durchforstung, die
Stammgrundfläche in Brusthöhe wuchs am stärksten bei der starken,
weniger bei der mäßigen, am wenigsten bei der schwachen. Die
Zahlen bestätigen, daß das Holz um so vollholziger erwächst, je ge=
schlossener der Bestand ist (Danck. Z. S. 605).

Lorey theilt Allg. F. u. J. S. 311 Resultate von Durch=
forstungsversuchen mit besonderem Hinblick auf Borggreves Plenter=
durchforstung mit. L. hatte bereits früher außer den drei planmäßigen
Durchforstungsgraden noch einen vierten über die starke Durchforstung
hinausgehenden Versuch hinzugefügt. L. berührt sodann S. 308 einen
Punkt, den Kraft schon früher hervorhob, nämlich, daß das 60. Jahr
zum Beginn für den Aushieb von schlechtwüchsigen dominirenden
Stämmen etwas spät ist und man damit lieber früher beginnen müsse.

König giebt (F. Bl. S. 1) Zuwachsleistungen in Plenter=
durchforstungs und Verjüngungsschlägen. Von den Einzelheiten sei
erwähnt, daß in den ersten zehn Jahren des Verjüngungszeitraumes
durch vorsichtige Hiebsführung ein Gesammtzuwachs an Derbholz
von 59 fm erzeugt wurde, während der volle Schluß in der gleichen
Zeit wahrscheinlich nur 45 fm erzeugt hätte. Die geringsten, ohne
den Hieb bald völliger Unterdrückung anheim gefallenen Stammklassen

zeigen den höchsten Grad und die größte Nachhaltigkeit der Zuwachs=
steigerung (im Procent). S. 8 wird endlich durch Rechnung gezeigt,
daß auch der Bestandsquerflächenzuwachs bei Fortnahme von ¹/₅ der
Grundfläche in den stärksten Klassen höher ist als bei Fortnahme der
gleichen Grundfläche in den schwächsten. Die Bestandsdurchlichtung
bewirkt eine Annäherung, bezw. Gleichstellung des relativen Stamm=
grundflächenzuwachses mit dem relativen Massenzuwachs.

Großes Aufsehen erregte ein Aufsatz von Fürst, Allg. F. u. J.
S. 41, worin der Wagenersche Lichtwuchsbetrieb in seinen rechnerischen
Unterlagen und seiner waldbaulichen Durchführbarkeit auf Grund von
Waldbildern, die Wagener selbst als Belegstücke hingestellt hat, an=
gefochten wurde. Schon seit acht Jahren sind von einer Seite die
rechnerischen Unterlagen bekämpft und die Widersprüche, Trugschlüsse
u. s. w. hervorgehoben. Sehr bemerkenswerth ist es aber, wenn
nicht nur in der theoretischen Begründung, sondern auch in der
praktischen Durchführung der Zukunftswald in seiner Gewandung
fadenscheinig wird. — Wagener kündigte bereits Allg. F. u. J.
S. 111 eine Widerlegung an, die gleich in ihrem Eingangssatz
hervorhob, daß die Fürst'schen Angaben wahrheitswidrig seien. Der
Aufsatz selbst erschien Allg. F. u. J. S. 149. Wagener sucht der
Ankündigung gemäß die Fürst'schen Aussprüche zu widerlegen. Daß
Fürst wiederum gegenüber der W.'schen Abwehr nicht schweigen konnte,
ist erklärlich. Bereits auf S. 188 sagt er, daß seine Angaben sämmt=
lich auf Grund genauer Erhebungen an Ort und Stelle gemacht sind
und in Uebereinstimmung mit Fachgenossen, deren Namen genannt
sind. Die Ausführungen selbst sind Allg. F. u. J. S. 268 gegeben
und ihnen Erklärungen der fürstl. Ysenburgischen Beamten Fm. Reiß
und F. R. Matthes beigefügt.

Welche Holzarten eignen sich besonders zum Lichtungsbetriebe
und welche Erfahrungen liegen darüber vor? so lautete ein Thema
im Elsäß. Forstverein. Dr. Kahl gab nach dem vorliegenden Stoff
eine Beantwortung dahin, daß Tanne und Fichte hauptsächlich in
Betracht kämen, daß indeß auch bei diesen noch nicht entschieden ist,
ob die Nutzholzqualität nicht durch den Lichtwuchs leiden würde.

Rb. Hartig führt den bei der Kiefer eintretenden Lichtstands=
zuwachs nicht auf die Lichtwirkung zurück, sondern auf die erfolgende
gesteigerte Nährstoffzufuhr. Wäre das Licht die Ursache, so könnte die
Vermehrung des Zuwachses nicht nur die kurze Spanne von ca. zehn

Jahren anhalten. Die Jahresringbreiterungen erwiesen sich in den verschiedenen Stammhöhen bei den einzelnen Stämmen merkwürdig verschieden. (S. 4.) Der Qualitätszuwachs soweit er sich nach den Gewichten des Holzes beurtheilen läßt, steigt bei Schlußkiefern bis etwa zum 90. Jahr, fällt dann rasch, hebt sich jedoch mit eintretender Lichtung. Das schwerste Holz wächst am untersten Stammende nimmt dann rasch bis zu 4 m Höhe ab. — Eine Regel dafür, daß das nach einer bestimmten Himmelsrichtung gewachsene Holz besonders schwer ist, existirt nicht. Allg. F. u. J. S. 1.

Schott v. Schottenstein gestattet uns einen Einblick in die Zuwachsverhältnisse eines seit langer Zeit unterbauten in Lichtung stehenden Eichenortes. In einer Periode von 41 Jahren hat sich das Zuwachsprocent auf durchschnittlich jährlich 1,833 gestellt. Allg. F. u. J. S. 203.

Zahlreiche Erörterungen über die Technik der Buchenverjüngungen lassen erkennen, wie rege das Bestreben der Praxis ist, Bestände mit reicher Beimengung von Nutzholz zu erziehen. Der Märkische Forst=Verein verhandelte z. B. darüber, und schien es, als wenn auf den besten Böden namentlich die Eiche, auf weniger gutem die Kiefer in dem Vereinsgebiete die meisten Freunde und Fürsprecher hätte; Hain=buche, Rüster, Ahorn, Esche, Birke und die Weichhölzer treten in zweite Linie. Bei gemischten Altbeständen ist die Erhaltung der Mischung soweit möglich durch natürliche Verjüngung anzustreben, sonst auch durch künstlichen Einbau zu betreiben. Je nach den ein=wirkenden Verhältnissen ist mit Horst= oder Streifen= oder Coulissen=wirthschaft vorzugehen. — Hierher gehört auch ein Aufsatz, den Oberf. Urff zu Neuhaus in Form eines Vortrags (F. Bl. S. 281) giebt. In demselben legt er besonders Gewicht auf Auswahl passender Holz=arten und richtiges Bemessen der Menge, in welcher jede eingesprengt werden soll und auf Zeit und Art der Einsprengung sowie auf eine derartige Leitung der Buchenverjüngung, daß eine reichliche Beimengung und gutes Fortwachsen anderer Holzarten möglich ist. Sachgemäß sind besonders die Verhältnisse der Mark ins Auge gefaßt und deshalb ist Eiche, Kiefer, Buche vorangestellt. Hainbuche ist unzweifelhaft werthvoll aber eigensinnig in ihrem Vorkommen. Spitz= und Berg=ahorn, die Rothrüster sind wohl mehr als bisher zu beachten. In Birken= und Weichhölzern werden die Sperrwüchse und ein Zuviel davon bei den Läuterungen, der Rest aber erst bei Durchforstungen entfernt. Fichte und Tanne kann nur in bescheidenem Maße gebraucht werden. Die Zeit der Einsprengung wird nach Lichtbedürfniß und Höhenwuchs bemessen. In den Vorbereitungsschlag kommt die Eiche unter Schirm durch Saat oder Pflanzung 1= bis 2jähriger Stämmchen, ohne Schirm durch Pflanzung größeren Materials. Der Samenschlag gehört hauptsächlich der Buche. Mit der ersten Lichtung, die im zweiten Winter nach der Keimung erfolgt, bringt U. weitere Mischungen hinein. Die Kiefern will U. in Ballen mitten in etwa kniehohen Aufschlag setzen, Jährlinge nur auf größere gelockerte Plätze.

Aus den Verhandlungen des Pomm. F. V. über Form und Umfang der Eichenerziehung in Buchen= und Nadelholzbeständen ist die Ansicht besonders hervorzuheben, daß wenn man Eichenheister verwendet, man diese nicht auf Stellen des Buchenschlags bringen soll, wo kein Aufschlag ist, sondern dahin, wo er reichlich steht. Natürlich ist später dann eine Pflege der Eichen nöthig. Urich ver= kennt nicht die Schwierigkeiten, die sich der Aufstellung allgemein gültiger Regeln für das Einbringen von Nutzholzarten in den Buchengrundbestand entgegenstellen. Am Schlusse des bezüglichen Aufsatzes v. B. C. S. 94 sagt er folgendes: Einer entschieden und andauernd vorwüchsigen Holzart gebe man mehr Einzel=, einer langsamwüchsigeren mehr Gruppen= und Horststand. Will man gleichzeitig in eine und dieselbe Bestands=Abtheilung mehrere Nutzholz= arten und zwar sämmtlich schnellwüchsige einbringen, dann ist eine gleichmäßige Vertheilung derselben zulässig, und eine flächenweise Sonderung derselben nur dann angezeigt, wenn ihre Erntereife erheblich differirt. Bringt man gleichzeitig langsam und schnellwüchsige Nutz= holzarten ein, so sondere man die langsam= von den schnellwüchsigen flächenweise ab; eine weitere flächenweise Auseinanderhaltung der Holzarten gleicher Kategorie ist aber nur dann erforderlich, wenn denselben namhaft abweichende Hiebsalter zuzusprechen sind. — Sollte die Buche bei der einen oder anderen zählebigen und zu starker Ast= bildung neigenden Holzart nicht die erforderliche Kraft zur Bewirkung rechtzeitiger Astreinigung oder besserer Schaftformung besitzen, so bringe man diese gruppenweise und dichtständig ein. — In einem anderen Aufsatze v. B. C. S. 16 die Frage behandelnd: wie man im Buchen= hochwalde in kürzester Zeit eine möglichst große Anzahl von stärkeren Nutzholzstämmen erziehen kann, sind Seebachs Hieb, Homburgs Über= halt, Borggreves Plenterdurchforstnng und Wageners Lichtungen be=

sprochen und daran ist der Vorschlag des streifenweisen Lichtungshiebes geknüpft. Die Idee ist auf folgendem Hintergrund aus der Praxis entsprungen: Um in großen zusammenhängenden Buchenhegen und jüngeren Stangenörtern geeignete Jagdschneißen zu gewinnen, wurden 15—20 m breite Streifen so stark ausgehauen, daß sie sowohl das Anstellen der Schützen als auch das Erlegen des überwechselnden Wildes ermöglichten. Der Hieb nahm dabei auch noch herrschende Stangen. Von einer Beschädigung der stehengebliebenen Stangen durch Windwurf, Schneedruck weiß U. nichts zu berichten, wohl aber von einer kräftigen, dem nicht durchforsteten Bestande voraneilenden Entwickelung derselben. Auch hat sich auf diesen durchlichteten Streifen die Laubdecke erhalten, so daß von einer Bodenverschlechterung keine Rede sein kann. Der Seitenschutz der angrenzenden, dicht gehaltenen Streifen bewährt sich vortrefflich. U. tauft sein Kind auf den Namen Lichtwuchs-Coulissenbetrieb.

Frömbling-Grubenhagen hat (F. Bl. S. 132) die Bedeutung der Vorbereitungshiebe für die natürliche Buchenverjüngung besprochen. Er führt den häufigen Mißerfolg auf forcirte Vorbereitung zurück; es ist anzurathen, die Verminderung der Laubmassen durch wiederholte schwächere Hiebe allmälig zu erreichen. Zeigt sich das richtige Maß der Bodenbegrünung, so ist Halt zu machen und so lange zu warten, bis ein Samenjahr kommt. Je vollkommener die Vorbereitung, um so größer das Schattenerträgniß des jungen Aufschlages, um so leichter auch die Möglichkeit der Abwehr von Maifrost. Einer solchen Geduld und Zeit fordernden naturgemäßen Vorbereitung verdankten unsere Vorfahren ihre besseren Erfolge, sie würde auch der Jetztzeit solche sichern. Bei den Verjüngungshieben steht dem Wirthschafter oft der Betriebsplan und die Grenze der I. Periode hindernd im Wege. F. schlägt vor, den Wirthschafter zu ermächtigen, soviel Hauptnutzungsmaterial aus den Beständen der II. Periode in die I. herüberzunehmen, wie er an Nachhiebsrückständen aus I nach II herüberzunehmen gezwungen ist.

Fürst erscheint (Oe. F. 25) als ein Freund der horstweisen Beigabe der Eiche in Buchenbeständen. Auch da, wo die Eiche vorwüchsig ist, findet er für diese Art der Stellung eine Reihe von Vortheilen.

Ueber natürliche Verjüngung ist im Uebrigen noch Folgendes hervorzuheben:

Im nordwestlichen Theile von Oesterreichisch Schlesien hat man mit dem Lückenhieb üble Erfahrungen gemacht und sich daher in neuerer Zeit einer gleichmäßigen Stellung der Besamungsschläge wieder zugewandt (Oe. F. 16). Mit Bezug auf diesen Aufsatz weist ein andrer (Oe. F. 22) darauf hin, daß wohl ganz besondere Verhältnisse, namentlich zu große Verjüngungsflächen, den Hieb nachtheilig beeinflußt hätten.

Wo nur irgend möglich, empfiehlt Schimmelpfennig die Rückkehr zur Fichten-Samenschlagwirthschaft. Interessant ist dabei die Mittheilung (F. Bl. S. 298), daß bei dem bekannten preußischen Nonnenfraß das in den Lichtschlägen stehende Altholz verschont geblieben war. Es wurde den Raupen zuviel vom Winde bewegt.

Zum Schlusse wollen wir noch auf einige Einzelheiten besonders aufmerksam machen:

Dr. Wimmenauer giebt uns (Allg. F. u. J. S. 225) eine Berechnung der Abtriebserträge beim Femelschlagbetrieb mit der die Rechnung erleichternden Unterstellung, daß das Zuwachsprocent für die Dauer des Lichtstandes sich gleich bleibt. In dem gegebenen Beispiel wird es auf das Doppelte desjenigen für den Schlußstand gesetzt. Femelschlagbetrieb kommt mit 36 % an Masse und 40 % an Werth höher heraus, als ein Kahlschlagbetrieb; freilich sind Buchenbestände zu Grunde gelegt.

In Württemberg sind nach Dr. Speidel (Allg. F. u. J. S. 276) Versuche mit dem Waldfeldbau in Gang gebracht. Bezweckt wird: Die Wirkung des Baues auf die Entwickelung der Bestände festzustellen, ferner die Wirkung auf den Boden in chemischer und physikalischer Hinsicht zu erheben und endlich den finanziellen Vortheil oder Nachtheil auszumachen. Dr. Speidel giebt in gedachtem Aufsatze eine Reihe von Nachrichten über den Betrieb in Oberschwaben. Er war dort seit langen Zeiten in Uebung, wurde dann um Mitte dieses Jahrhunderts zeitweise aufgegeben und ist wieder seit Ende der 50. Jahre geübt, und zwar: 1 Jahr Kartoffelbau, 2 Jahr Halmfrucht, 3 Jahr Grasnutzung und Fichtensaat, 4—8 Jahr Schafweide, 9 Jahr Nachbesserung durch Pflanzung bezw. Abgabe von Pflanzen aus den Saaten.

Aus den Waldungen des badischen Rheinthales berichtet Obf. Hamm (v. B. C. S. 601) vornehmlich über den Mittelwald von Kenzingen. Die Verlandungen der Altrheine werden so bewirkt, daß man den Rheindamm an geeigneten Stellen mit tiefen Einschnitten versieht, so daß der Fluß Kies durch dieselben einwirkt. Ist eine gewisse Höhe der Verlandung erreicht, so wird der Einschnitt höher gelegt und durch Schlickfänge für Ablagerung von Culturland gesorgt. Eine Begrünung stellt sich rasch ein, namentlich von Tamariske, Weißerle und Pappeln, später erscheint erst die Hauptmenge der Auewaldhölzer. Man überläßt aber nicht alles der Natur, sondern greift mit Pflanzung ein. Dieser Culturbetrieb wird eingehend geschildert, ebenso der Aufbau des Oberholzvorrathes.

c. Forstschutz.

H. Reuß. Die Schälbeschädigung durch Hochwild, speciell in Fichtenbeständen. Ihre Ursache, ihre wirthschaftlich financielle Bedeutung und die Mittel zu ihrer Abwendung. Berlin, Springer.

Freiherr von Tubeuf. Beiträge zur Kenntniß der Baumkrankheiten. Berlin, Springer.

Brefeld. Untersuchungen aus dem Gesammtgebiete der Mykologie VIII. Heft, Basidiomyceten III. Leipzig. Arthur Felix.

Eckstein. Repetitorium der Zoologie. Leipzig, Engelmann.

Reuß giebt uns zunächst die äußere Erscheinung des Schälens und Mittheilung über die Verbreitung. An der Hand der Literatur wird nachgewiesen, daß das Schälen erst im 19. Jahrhundert zu einem wirklichen Uebel sich gestaltet habe und es werden die Gründe dafür zu erforschen gesucht, um endlich zu den Abwehrmitteln zu gelangen. Die Hauptursache liegt in der unnatürlichen Lebensweise des Wildes. Abgeschlossen von den Feldfrüchten, unzweckmäßig gefüttert, ist das Wild fast gezwungen andere Nahrung zu suchen. Altum sagt über das Buch (Danck. Z. S. 639), daß darin in einer bis jetzt nirgends gebotenen allseitigen und gründlichen Weise das Thema behandelt sei. R. empfiehlt als Vorkehrungsmittel gegen das Schälen u. a. das Umbinden der Hauptstämme mit Reisig bei der ersten Durchforstung. Die Ausführung geschieht so, daß ein Arbeiter ein Bündel stärkerer nicht zu kurzer Aeste nimmt und sie mit der Spitze nach unten um das Stammende legt. Die starken Enden reichen ca. 1,75 m hoch hinauf. Festgehalten werden sie durch Umbinden mit geglühtem Draht. Das Mittel ist seit 1872 bewährt gefunden und schützt jedesmal auf 8—10 Jahre.

Nach v. Tubeufs Beiträgen kommt die auf Weißtannen beobachtete Trichosphaeria parasitica auch auf Fichten und der Hemlockstanne vor. Auf der Douglastanne ist Botrytis Douglasii genauer als bisher beobachtet. Dieser Pilz wuchert auf den einjährigen Trieben und muß als gefährlich angesehen werden; übrigens kommt er auch auf Weißtannen, Fichten und Buchen vor. Die Hexenbesen der Weißerle stammen von einer Exoascusart her. Die bisher auf Frost nnd Glatteiswirkung zurückgeführten Einschnürungen bringt T. mit einem Saprophyten Pestalozzia Hartigii in Zusammenhang. Ein Kapitel ist Mycorhiza gewidmet, ein anderes ausländischen Mistelarten.

In Brefelds Untersuchungen finden wir u. a. eine Abhandlung über Polyporus annosus, Hartigs Trametes radiciperda, worin im Gegensatz zu Hartig festgestellt wird, daß die Fortpflanzung dieses Pilzes durch Sporen eine ganz außerordentlich starke ist. Damit wird der Gedanke Hartigs hinfällig, die Bestände durch Isolirung der befallenen Flächen zu schützen; es ist sogar geradezu vor den Isolirgräben zu warnen, denn nichts ist so wie sie geeignet, die Vermehrung des Pilzes zu fördern.

Eckstein bietet einen wirklich kurzen Leitfaden, in dem wohl kaum etwas für uns Wissenswerthes übergangen ist. Zahlreiche und zweckmäßig gewählte Abbildungen erläutern den Text.

Rb. Hartig giebt uns Allg. F. u. J. S. 118 eine Übersicht über pflanzliche Wurzelparasiten, nachdem er sich in besonderer Darlegung davor verwahrt, daß er alle Wurzelkrankheiten auf Parasiten zurückführe. Er theilt in vier Gruppen ein: phanerogame Parasiten, Schmarotzerpilze, die im Boden sich verbreitend Krankheiten und Absterben hervorrufen (Erdkrebs früherer Autoren), Schmarotzerpilze, die nur an den Wurzeln großer Pflanzen leben, einen Theil zwar tödten, aber die ganze Pflanze kaum merklich schädigen (Trüffeln und Verwandte), endlich Parasiten, die nicht allein auf die Wurzel angewiesen sind, sondern auch an oberirdischen Pflanzentheilen Zerstörungen anrichten (z. B. Phytophthora omnivora). In die zweite, wohl wichtigste Gruppe gehören u. a. Agaricus melleus, Trametes radiciperda Rosellinia quercina.

Herpotrichia nigra, ein neuerdings von Rb. Hartig und von Tubeuf beobachteter Pilz, tritt schädlich auf Krummholz und Fichten auf, ist außerdem z. B. auch an Wachholder gefunden. Er entwickelt sich unter dem Schnee und tritt dabei so verheerend auf, daß die im Herbst noch völlig gesunden Pflanzen unter dem Schnee bis zum Frühjahr ganz zu Grunde gehen. Allg. F. u. J. S. 15.

Wie heißt der den Buchenkrebs verursachende Pilz? lautet eine (Wien, C. S. 220) gestellte Frage, die durch von Thümen auf einer durch Wettstein gegebenen Grundlage beantwortet wird. Für uns Forstleute ist es übel, daß dabei wieder eine neue Namensschiebung stattgefunden hat. Um so nothwendiger erscheint es aber, hier darauf aufmerksam zu machen. Wettstein hat den Pilz zur Gattung Helotium gezogen, die der Peziza am meisten verwandt ist. Demnach ist Helotium Willkommii Wettst. = Peziza calycina, Schum. var. Laricis Fr. = Peziza Willkommii R. Hartig = Corticium amorphum Rabh.

Auch Rb. Hartig wendet sich (Oe. F. Nr. 3) gegen die neuerliche Namensveränderung, außerdem aber auch gegen die von Wettstein angedeutete, durch von Thümen aber als Thatsache herausgehobene Behauptung, daß der Pilz des Lärchenkrebses ursprünglich in den Alpen nicht schädlich gewesen ist, es aber wurde, als er von seiner Rundreise durch Deutschland zurückkehrte.

In Jädkemühl hat sich bei Mischkulturen von heimischen und fremden Nadelhölzern namentlich P. rigida als wenig widerstandsfähig gegen Agaricus melleus erwiesen, ebenso P. laricio, dagegen blieb strobus verschont. F. Bl. S. 248.

G. Hempel theilt Oe. F. 27 einen Fall mit, in dem massenhaftes Auftreten eines saprophytischen Pilzes Coprinus deliquescens in einer Saatschule den Holzpflanzen schädlich wurde. Der Pilz entwickelte sich so rasch und energisch, daß für die Holzpflanzen Nahrungsmangel eintrat und ein großer Theil zu kümmern anfing.

Gegen Krebs der Laubbäume ist Eisenvitriol mit Erfolg angewendet und zwar direct durch Auftragung auf die befallene vorher von Krebsbeulen zu reinigende Stelle und indirect durch Tränkung des Bodens. Ja sogar trocken dem Boden beigegeben schützt das Präparat. (Oe. F. 29.)

An der Robinia pseudaccacia ist nun auch ein schädlicher Pilz beobachtet. Septosporium curvatum (Rabh.) ist sein Name; er vernichtet durch die Wucherung seines Mycels die junge Belaubung. (Oe. F. 37.)

Im Stettiner Bezirk ist an Fichten eine durch Hysterium makrosporum hervorgerufene Schütte beobachtet. F. Bl. S. 251.

Förster König hofft in dem Düngen des Kampes mit Buchenlauberde ein zuverlässiges Mittel gegen die Schütte gefunden zu haben.

(Deutsche F. Z. Nr. 12.) Obf. Hoffmann zu Klütz bemerkt hierzu in den F. Bl. S. 255, daß in seinem Reviere in einem Kampe seit 20 Jahren mit Buchenlauberde gedüngt werde, sonst nichts geschehen sei, um die Pflanzen gesund zu erhalten und bis jetzt noch nie die Krankheit aufgetreten sei.

Von allen Gegenden Deutschlands, wo die Kiefer in nennenswerther Ausdehnung vorkommt, liefen Nachrichten über das Auftreten der großen Kiefernraupe ein. Raupenleim kam einmal wieder in gute Nachfrage und wird voraussichtlich 1889 in nicht unbedeutendem Maße zur Verwendung gelangen. (Verh. des Pomm. F. V. Danck. Z. S. 547.)

Der Kiefernpanner ist in Böhmen bestandstödtend aufgetreten. (De. F. 25, 27.) Geometra fasciaria, deren Raupe auf Kiefern lebt, ist wieder einmal in erheblicher Menge beobachtet. Da die Entwickelung des Insects noch nicht ganz feststeht, so sind Mittheilungen sehr erwünscht. (Altum in Danck. Z. S. 755.)

Bombyx castrensis, sonst forstlich gleichgültig, hat sich in Pechteich auf einer Eichelsaat erheblich fressend gezeigt. (Danck. Z. S. 755.)

Zur Vertilgung des Schwammspinners empfiehlt Altum (Da. Z. S. 65) ein Bestreichen (Betupfen) der Eierschwämme mit Raupenleim. Derselbe muß solche Consistenz haben, daß er einerseits nicht abtropft von dem Schmierwerkzeug, andererseits aber sich leicht streichen läßt.

Der Lärchenwickler hat die Waldungen des Engadin in schlimmer Weise heimgesucht. (De. F. 31 nach den Bündener Nachrichten.)

Die Eschenzwieselmotte Prays curtisellus ist weiter beobachtet und die doppelte Generation dabei festgemacht. (Danck. Z. S. 754.)

Als Feinde des Buchenaufschlages hat Altum beobachtet Tortrix podana Scop. und Tinea parenthesella L. Er vervollständigt mit dieser Bekanntgabe eine Mittheilung von 1882, Chron. VIII. S. 32. Geom. brumata wird gleichzeitig von der Theilnahme an der Zerstörung des Buchenaufschlags freigesprochen und Geom. boreata, eine sehr verwandte Art, angeschuldigt.

Dr. Eckstein führt Da. Z. S. 239 die Feinde der Coniferenzapfen auf. Es sind Grapholitha strobilella durch Zernagen der Spindel, Phycis abietella desgl., Ephestia elutella, durch Ausfressen von Kiefernsamen, Pissodes validirostris — nicht wie es früher irrthümlich hieß notatus — durch Larvenfraß in Kiefernzapfen, An. abietis durch Zerfressen der Spindel und Schuppen der Fichtenzapfen. Loxia pityopsittacus durch partieweises Ausbrechen der Kiefernzapfenschuppen. Lox. curvirostra durch Spalten der Fichten- und Lärchenzapfenschuppen. Picus major durch Zerhacken und Spalten der Schuppen. Nucifraga caryocatactes durch Verzehren der aus den Arvenzapfen mit der Schale weggenommenen Nüsse; Mäuse und Eichhörnchen.

In kleineren forstzoologischen Mittheilungen erwähnt Altum (Da. Z. S. 242) u. A. die Zerstörung von Eichelsaaten durch Tausendfüßler, das Vorkommen von Hyl. micans in Kiefern, das von Bostr. typographus in Lärchen, die Vertilgung der Schildläuse durch die Larve von Anthribus varius. — Derselbe Autor erstattet Da. Z. S. 219 Bericht über den Einfluß des relativ kühlen Sommers auf die Entwickelung der wurzelbrütenden Hylesinen und Hyl. abietis. Erstere blieben in der Entwickelung sehr merklich zurück, während bei letzteren die Abweichung viel weniger hervortrat. Seinen Grund hatte es wohl darin, daß der Juli den Larven von Hylobius voll zu Gute kam, während von den Hylesinen gerade in diesem Monat wegen der doppelten Generation Larven fehlten.

Die Frage, wie begegnet man am wirksamsten der Engerlingsbeschädigung, blieb im Märkischen F. V. wie leider bisher wohl überall ohne genügende Beantwortung. Der Referent von Stünzner erwartete noch am meisten von einem Waldfeldbau, der Correferent Heym von langen schmalen Kahlschlägen. v. Waldow hob hervor, daß in Kiefernsamenschlägen, in denen die Verjüngung sich verzögert, häufig die allerschlimmsten Fraßherde entstehen. Bemerkenswerth war auch die mehrfach bestätigte Thatsache, daß das sonst wirksame Mittel des Schweineeintriebes kaum noch anwendbar sein wird, denn die Schweineherden werden nicht mehr hergegeben, weil die Thiere häufig krank wurden und die Besitzer große Verluste daraus hatten.

Fanggräben gegen Engerlinge sind neuerdings empfohlen. (Da. Z. S. 156.) Sie sollen 0,3 m breit und tief sein, im Frühjahr mit Moos gefüllt und monatlich abgesucht werden. Um sie wirksam anzuwenden, soll man die Fraßnester der Larven aufsuchen, die man nach Mitte des zweiten Larvensommers unschwer erkennt. Diese Nester werden durch die Gräben isolirt, die eingeschlossene Fläche womöglich gehackt.

In einem Artikel (Danck. Z. S. 394) zur Rüsselkäferfrage erwidert v. Oppen auf einen Da. Z. 1887 gegebenen Altum'schen Schriftsatz und hebt darin hervor, daß er in Übereinstimmung mit Obf. Godbersen die Stöcke auf den Schlagflächen noch im zweiten Jahre frisch belegt fand. Er vertheidigt dann die vorgeschlagene Maßregel, Fangknüppel auszulegen; auf alle Fälle werde man damit einen Theil der Brut unschädlich machen. Soviel, sagt er, steht fest, daß wir im Laufe des Sommers auf den vorjährigen Schlagflächen Käfermengen antreffen, die daselbst jung werden und sich um so längere Zeit auf den Geburtsstätten aufhalten, wenn ihnen geeignetes Brutmaterial vorliegt. Hierdurch wird zweifelsohne die Umgebung vor Fraßschäden bewahrt. Im Anschluß an diese Darlegungen giebt v. O. dann die auf den Versuchsflächen gewonnenen Zahlen.

Gegenüber diesem Artikel beleuchtet Altum noch einmal (daf. S. 648) die seit langen Jahren immer wieder festgestellte Thatsache, daß bei Eberswalde die Rüsselkäfer entwickelungsfähige Eier nur einmal, etwa im April, ablegen und er führt das zurück auf das weiterhin eingetretene zu starke Austrocknen der Wurzeln und die Concurrenz der bereits vorhandenen Rüsselkäferlarven, sowie ganz besonders der Larven von wurzelbrütenden Hylesinen. Fehlt geeignetes Brutmaterial, so legt der Käfer Eier dort nicht mehr ab. Und wird er durch Gräben am Ablaufen gehindert, so ist weiterer Vermehrung vorgebeugt. Das Auslegen von Brutknüppeln auf solchen Flächen erscheint daher ganz überflüssig. Es schafft Larven, welche ohne die Knüppel gar nicht entstanden wären.

Im Preuß. F. V. vertheidigte bezüglich der Vertilgung des Hyl. abietis bezw. Vorbeugung seines Fraßes Obf. Godbersen folgende Thesen: Die Schläge sind möglichst weit entfernt von gefährdeten Culturen zu legen und breit abzustecken; denn je weniger Rand, desto weniger Käferschaden. Zweijährige Schlagruhe bei Anbau mit mehrjährigen Nadelhölzern, einjährige Ruhe bei Pflanzung mit einjährigen Kiefern. Stockrodung nach der Eiablage, Anwendung von Fanggräben und Kloben, wenn gefährdete Culturen in der Nähe liegen, scharfes Sammeln der Käfer 3 Jahre hindurch.

Dr. Pauly in München hat eine Reihe von Versuchen angestellt, durch welche die Entwickelung der Borkenkäfer völlig klar gelegt werden soll. Bis jetzt hat sich feststellen lassen, daß alle Borkenkäfer sehr wärmebedürftige Insecten sind: typographus schwärmt z. B. nicht unter 16° R. Bei zu niedriger Temperatur wird die Entwickelung wesentlich zurückgehalten. Unter den verschiedenen Arten herrschen bedeutende Unterschiede und kaum wird sich ganz allgemein der Satz bewahrheiten, daß die Borkenkäfer zwei Generationen fertig bringen. Bei Hylesinus micans haben wir z. B. ganz sicher nur eine Generation.

Nach Beobachtungen desselben Autors (Allg. F. u. J. 309) entwickelt sich ein Theil, vielleicht der größere der Nachkommenschaft des Callidium luridum, Fichtenbockkäfers nach 3- bis 4 monatlichem Larvenleben noch im Flugjahre der Eltern zu Käfern und schwärmt; der andere dagegen überwintert und wird erst nach einjähriger Existenz unter der Rinde zum Käfer.

Entomologische Notizen von Henschel (Wiener E. S. 26) bringen Mittheilungen über Anomala Frischi als Kiefernverderber, Apate capucina als Bewohner von Faßdauben, Pissodes notatus, Hyles. oleiperda. Für notatus wird doppelte Generation als normal hingestellt.

Lenk beobachtete (Oe. F. 6) den Buprestiden Coraebus bifasciatus in den Gipfeltrieben zehn- bis zwanzigjähriger Eichenstockausschläge, an denen Wipfeldürre erfolgte. Sekundär tritt ein kleiner Bockkäfer Anaesthetis testacea auf.

Lucanus curculioides ist von Lorey an den noch krautigen Trieben einer Rotheichencultur fressend und schädlich gefunden. Allg. F. u. J. S. 336.

Crypturgus (Bostrichus) pusillus hat in Forsten des Erzgebirges erheblichen Schaden angerichtet.

Hlawa hat mit Erfolg gegen die Maulwurfsgrille Fanghaufen von lockerer Erde angewendet. Er giebt ihnen prismatische Form, Höhe und Breite 30—40 cm, Länge verschieden, und legt sie knapp an die Beete heran. Durchsucht man sie nach 36 Stunden, so haben sich die Grillen hineingezogen.

Nitsche-Tharandt schildert uns Th. J. S. 59 einen Fraß von Lyda hypotrophica. Altums Schlußfolgerung, daß die Larve in erwachsenem Zustande zwei Jahre überliegt, ließ sich im Allgemeinen bestätigen. N. schlägt vor, alle Fichtengespinnstblattwespen unter dem Sammelnamen L. hypotrophica so lange zu halten, bis durch Züchtung die Species festgemacht sind. Weitere Beobachtungen finden wir Th. J. S. 285, danach wird das vermuthete Überliegen der Larven durch zwei Winter und einen Sommer zur größten Wahrscheinlichkeit.

Mit einer freundlichen Perspective wollen wir diesen Theil des Berichts abschließen, nämlich mit einer Mittheilung über die Zucht des nordchinesischen Seidenspinners Antheraca Pernyi und des japanischen Jama Mai. Sie ist mit Erfolg versucht, was um so wichtiger ist, als diese Insecten an Eichen fressen und sich unseren Schälwaldungen damit eine neue Quelle hoher Nutzbarkeit erschließt. Im schles. F. V. gab Buchwald (Reichenbach) über das bisher Erreichte Auskunft und legte Proben von roher und gefärbter Seide und Stoffen vor. (Da. Z. S. 669.)

Trotz des Schneereichthums im ersten Viertel des Jahres, trotz der vielen Witterungsunbilden, die das Jahr in seinem Verlauf brachte, scheint der Wald doch vor nennenswerthem Schaden durch Schnee und Sturm bewahrt geblieben zu sein. Was sich an Nachrichten vorfindet, bezieht sich fast ausnahmslos auf eine frühere Zeit. So wird von Schwappach eine Übersicht gegeben über die Waldbeschädigungen durch Naturereignisse in den preußischen Staatsforsten für 1887. (Danck. Z. S. 37.) In v. B. C. S. 275 bringt Hg. eine Ergänzung der früher veröffentlichten Beobachtungen über den Schneedruck vom Winter 1886/87 in Württemberg (Chronik XIII. S. 44). Im Ganzen sind im Revier Liebenzell 8643 fm gebrochen, 9,0 ha sind neu aufzuforsten. Beigegebene Tabellen stellen uns die Größe des Bruchs nach Holzarten und nach Höhenzonen getrennt dar.

In Baden hat der Schneebruch von 1887 ungefähr 850000 fm gebracht, davon 63 % aus den Lagen von 300—600 m, 34 % aus niedrigeren. Am meisten litt die Kiefer, dann kamen die übrigen Nadelhölzer, wenig Schaden zeigten die Laubhölzer.

v. Lorenz berichtet im Wien. C. über Schneebruch in Nordsteiermark. Die Zone der Beschädigung lag niedrig und war glücklicherweise schmal. Auch hier litt die gem. Kiefer am meisten, dann folgt Fichte, endlich Tanne, Laubhölzer blieben im Ganzen verschont.

Ein Fall von Tödtung einer Bestandsgruppe durch Blitzschlag wird durch v. Ledebur aus dem Revier Neustadt im Odenwald mitgetheilt.

Die Wildbachverbauung ist des längeren in d. Oe. F. 33 ff. abgehandelt. Zur Geschichte dieses eigentlich modernen Zweiges bringt der V. Beweise bei, daß schon im Alterthum der Wildbach in seiner Wirkung bekannt war, daß man sich aber damit begnügte, die Wasserläufe zu regeln und Versumpfungen zu verhindern, an der Wurzel packte man das Übel nicht. Aus dem Mittelalter sind Schutzbauten wohl bekannt, doch stammt der erste Thalsperrenbau erst aus dem Jahre 1537. Im 18. Jahrhundert beschäftigte man sich mehr theoretisch als praktisch mit der Sache. Die neuen Anregungen, denen man dann Folge gab, datiren in Frankreich vom Jahre 1856, in Österreich von 1882, während man in der Schweiz schon in den ersten Dezennien unseres Jahrhunderts erfolgreich thätig war. Weiter schildert B. den Character der Wildbäche, ihre Classificirung, wie sie die einzelnen Schriftsteller auf diesem Gebiete geben. Er geht dann über zur Charakteristik der Wildbäche, wobei die bekannte Literatur herangezogen wird. Der Einfluß des Waldes auf Erschwerung der Zufuhr von Verwitterungsproducten im Wildbachgebiete muß voll anerkannt werden, ebenso wie die Behauptung gerechtfertigt ist, daß die fortschreitende Entwaldung die verheerende Wirkung der Wildbäche schon deshalb steigern muß, weil sie das Ansammeln von größeren beweglichen Geschiebemengen als Ergebniß der Verwitterung ermöglicht.

Die Verbauung des Mödritschwildbachs ist in der Oe. F. 13 ff. beschrieben und durch Zeichnungen erläutert. Im Ganzen sind an Steinbauten ausgeführt 36 größere Sperren neben einer bedeutenden Anzahl kleinerer Schwellen und etwa 740 m Bachsohlenbefestigung. Die Quellgebiete sind gebunden und entwässert, die Rutschterrains befestigt. An Kosten sind ca. 34 500 Gulden erwachsen. Die Bauten haben sich bei den stattgehabten Hochwassern bewährt und ist begründete Hoffnung vorhanden, daß die Gelände der abwärts liegenden Ortschaften ausreichend geschützt sind.

Bei den Verhandlungen des österr. Forstcongresses trat bei Behandlung der Frage über Entschädigung der Besitzer von Schutzwaldungen für entgangene Nutzungen zu Tage, daß der Begriff Schutzwaldung gesetzlich nicht genügend feststehe. Demgemäß wurde in der zur Frage gefaßten Resolution (Wiener C. S. 184), welche übrigens bedingungsweise eine Entschädigung ausschloß, das Ansuchen an die Regierung gestellt, im gesetzlichen Wege eine klare Definition des Begriffes Schutzwald zu geben.

d. Forstgeschichte.

Schwappach. Handbuch der Forst= und Jagdgeschichte Deutschlands. III. (Schluß=) Lieferung. Vom Ende des 18. Jahrhunderts bis zur Neuzeit. Berlin, Springer.

Dr. Endres. Die Waldbenutzung vom 13. bis Ende des 18. Jahr=
hunderts. Tübingen, Laupp.

Ney. Geschichte des heiligen Forstes zu Hagenau im Elsaß. I. Theil.
Vom Eintritt des Forstes in die Geschichte bis zum westfälischen
Frieden (1065—1648). Straßburg, Heitz.

Schwappach. Die Geschichte des Eberswalder Stadtforstes. Danck.
3. S. 710.

Forstpolizeiliche und forstwirthschaftliche Anordnungen aus der hochfürst=
lichen baslischen Wald= und Forstpolizei=Ordnung. Erlassen am
4. März 1755 von Josef Wilhelm, von Gottes Gnaden Bischof
zu Basel, des heiligen römischen Reichs Fürst 2c. Abgedruckt
Schw. 3. S. 42.

Weise. Chronik des deutschen Forstwesens im Jahre 1887. Berlin,
Springer.

Saalborn. Jahresbericht über die Leistungen und Fortschritte in der
Forstwirthschaft. 9. Jahrgang 1887. Frankfurt, Sauerländer.

Unsere Geschichtsforschung hat durch das Bernhardt'sche Buch
nicht nur eine feste Grundlage, sondern auch die mächtigste Anregung
erhalten, die sie je erfahren hat und je erfahren wird. Bernhardt's
Buch ist aber so völlig aus der subjectiven Auffassung und Art ge=
schrieben, daß eine Auflage von fremder Hand das Denkmal, welches
sich Bernhardt in demselben errichtet hat, antasten müßte. Ich er=
innere hier nur daran, daß Bernhardt lediglich Forstgeschichte schrieb
und die der Jagd nicht mit hineinzog. Dieser Auffassung konnte ein
späterer Autor um so weniger folgen, als uns Bernhardt durch sein
Werk und die dadurch angeregte Forschung auf eine höhere Stufe der
Erkenntniß gehoben hatte. Die Jagd muß in einer Forstgeschichte
den ihr gebührenden Platz finden, denn sie hat einen außerordentlichen,
hohen Einfluß auf die Entwickelung der Verhältnisse gehabt. Die
Pflege der Wildbahn hat die Pflege des Waldes nach sich gezogen,
und erst verhältnißmäßig spät ist die Jagd in Gegensatz zur Wald=
wirthschaft getreten. Wer hätte die neu gewonnenen Auffassungen in
das Bernhardt'sche Werk einflechten können, ohne die Pietät gegen
den Verfasser zu verletzen? Es war meiner Ansicht völlig unmöglich,
und ich habe es deshalb immer für richtig gehalten, daß der jetzige
Stand der Geschichtsforschung durch ein neues Werk wie das vor=
liegende von Schwappach bezeichnet würde, wenn es aus finanziellen
Gründen nicht anging, Bernhardt's Buch unverändert neu zu drucken.

Die Geschichtsforschung auf unserem Gebiete ist jetzt so weit, daß neben den allgemeinen Darstellungen, die Bearbeitung enger begrenzter Gebiete Autoren und Leser finden, ja daß Arbeiten wie die oben genannten dieser Art sehr dankbar aufgenommen werden.

Lenthner bringt, Oe. F. Z. 6 beginnend, Beiträge zur vaterländischen Forstgeschichte (Oesterreich). Verf. hat ein Büchlein des ehemaligen Stiftes Spital am Pyhrn vom Jahre 1423 aufgefunden über Vorst-Hölzer und Wild-Pan. Es sind vor allen Dingen Strafbestimmungen über Holz- und Wilddiebstahl, Angriffe gegen das Areal, eigenmächtigen Holzhieb. Servitutshölzer sollen zu dem Zwecke verwendet, zu dem sie gehauen und abgegeben sind. Die Güter sind aus Rücksichten für das allgemeine Wohl vertragsmäßig und in baulichem Zustande zu erhalten. Der letzte Punkt handelt von wegen der Geiß. Ihre Schädlichkeit war bereits damals genügend bekannt.

Die ersten bemerkenswerthen Anfänge künstlicher Verjüngung sind nach Cieslar (Wien. C. S. 389) für Deutschland in das 14. und 15. Jahrhundert zu legen. Von der Kahlhiebswirthschaft und von einer allgemeinen Uebung der künstlichen Cultur ist bis zum 16. Jahrhundert gar nichts zu hören. Es wird aber vom 16. Jahrhundert ab die Eichenpflanzung immer häufiger, auch Saaten von Eicheln und Nadelholz werden gemacht. Der 30 jährige Krieg macht einen tiefen Schnitt durch die Entwickelung, und erst nach Beendigung desselben kann sie wieder aufgenommen werden. Im Harz wird gesäet und gepflanzt, man kehrt aber zur natürlichen Verjüngung zurück, weil der Anflug besser sich entwickelte. Die erste Hälfte des 18. Jahrhunderts bringt viele neue Anregung, der dann von 1750—1790 ein rascher Aufschwung folgt. Das Ende des Jahrhunderts hat in Wangenheim und v. Burgsdorf sogar Vorkämpfer für Einführung fremder Holzarten. Um 1750 ist die Saat noch herrschend, verliert von da ab jedoch immer mehr Feld an die Pflanzung. Ausgedehnte Kahlhiebe setzen ein, Eiche und Buche gehen in ihrer Ausdehnung dabei zurück, und die Nadelhölzer dehnen sich aus, welche für die mit dem Kahlschlagsbetriebe verbundene Kunstcultur passende Vorbedingungen brachten. Unser Jahrhundert drängt mit den zwanziger Jahren immer weiter zur Ausdehnung der künstlichen Cultur und namentlich kamen die billigen Pflanzungen auf. Die Reaction ist in den sechziger Jahren eingetreten, und von da ab hat eine gesunde Kritik die natürliche Verjüngung wieder an den ihr gebührenden Platz treten lassen. Nicht mehr stehen heute die zwei Richtungen der natürlichen und künstlichen Waldverjüngung einander feindlich gegenüber, gemeinsam vielmehr helfen sie der Forstwirthschaft in Erfüllung ihrer höchsten Zwecke.

Zum 100jährigen Jubiläum der österreichischen Cameraltaxe bringt Oe. Viert. S. 148 eine Geschichte der Entstehung. Beherzigenswerth für die Jetztzeit ist der Bescheid Kaiser Joseph II. auf den ersten Vortrag in dieser Angelegenheit. Er weist sie zur nochmaligen Berathung zurück, da ihm die ganze Sache sehr undeutlich vorkommt und besonders der Schluß des Vortrags ganz unbegreiflich ist, „durch welchen man einen Unterschied der Schätzung machen will zwischen dem Fall, wenn das Aerarium einen Wald kauft und ferner, wenn solches einen Wald verkauft." Aus der Geschichte ergiebt sich, daß das betr. Normale nicht in Absicht auf die Ertrags- und Betriebsregulirung der Forsten, sondern als Grundlage und Vorschrift für die Ermittelung des Verkaufswerths größerer Waldcomplexe erlassen ist. Interessant ist auch, daß die Hundeshagen'sche Schätzungsformel schon in dem Normale ausgesprochen ist. Sie kann also nicht als eine Abänderung des Verfahrens angesehen werden, sie ist vielmehr bereits vollständig neben dem letzteren in dem ursprünglichen Normale von 1788 enthalten.

e. Forstbenutzung und Transportwesen.

Gayer. Die Forstbenutzung. 7. Aufl. Berlin, Parey.

Hartig und Weber. Das Holz der Rothbuche in anatomisch-physiologischer, chemischer und forstlicher Richtung bearbeitet. Berlin, Springer.

Schumacher. Die Buchennutzholz-Verwerthung in Preußen mit besonderer Berücksichtigung des eigentlichen Buchengebiets im Westen der Monarchie. Denkschrift zur 17. Versammlung deutscher Forstmänner zu München. Berlin, Parey.

Semler. Tropische und nordamerikanische Waldwirthschaft und Holzkunde. Berlin, Parey.

Dietrich. Oberbau und Betriebsmittel der Schmalspurbahnen im Dienste von Industrie u. Bauwesen, Land- u. Forstwirthschaft. Berlin, Bohne.

Der Bericht des preuß. Ministers für Landwirthsch., Dom. u. Forsten bringt über die Waldeisenbahnen die Mittheilung, daß ca. 106 km Geleis im Eigenthum der Forstverwaltung sich befinden.

Eine Bahn wird durch den Unternehmer betrieben, der für das Fest=
meter transportirten Holzes eine bestimmte Vergütung empfängt, auf
einer anderen Unternehmerbahn ist Fiscus nutzungsberechtigt. Die
Anlagekosten der Staatsbahnen scheinen sich gut zu verzinsen u. rasch
zu amortisiren. Bedingungen für die Rentabilität sind: namhafter
Überschuß der Production an Handelsholz über den Bedarf der
Umgegend, Absatz in bestimmter Richtung, Anschluß an eine Floß=
straße oder an eine Eisenbahn. Die 106 km Geleis sind aus den
verschiedensten Fabriken hervorgegangen, also sehr verschieden im
System. Überall ist aber die Spurbreite 60 cm. Indirect bringen
die Bahnen noch Vortheile durch Ersparniß bei Wegebauten und
Wegeunterhaltungen und durch Erleichterungen im Materialtransport
bei Meliorationen und dem Culturbetriebe.

Obf. Bierau zu Rothau giebt uns Mittheilungen über die in
seinem Revier angelegte Waldbahn und knüpft daran Allgemeingültiges.
Von solchem wollen wir den aus Versuchen hervorgegangenen Satz
hervorheben, daß die metallische Fläche den größten Reibungswider=
stand hervorruft, während Schmutz und andere erdige Theile die
Reibung vermindern. Die breitere Schiene verdient den Vorzug vor
der schmaleren, denn sie nutzt sich weniger ab als diese, sichert den
Betrieb mehr und verträgt eine größere Belastung. Die doppelten
Radflanschen erwiesen sich namentlich in den Curven als sehr dienstbar.
Sie versehen den Dienst der Bremsen und sichern den Zug vor Ent=
gleisung. Bei Curven von 20 m Radius wurde die äußere gegen
die innere Schiene um 10 % erhöht und bewährte sich das voll=
kommen. Für die Bremsen hat B. eigene Constructionen angewendet
nämlich eine Seilradbremse. Sie besteht aus Spindel mit Schraube.
Am Ende derselben ist ein Seilrad angebracht, in dessen Kehle ein
Seil eingelegt wird. Es gestattet ein Anziehen der Bremse vom
letzten Wagen aus. Das Stahlwerk zu Osnabrück hat die Anfertigung
übernommen. Im geneigten Terrain sollen die Züge so langsam
laufen, daß man jederzeit in der Lage ist, sie auf 10—15 m Ent=
fernung anzuhalten.*) Die Rentabilität berechnet B. sehr günstig.
Man darf daher den Schluß ziehen, daß in waldreichen Gegenden,

---

*) Im § 12 des am Schlusse des Aufsatzes abgedruckten Vertrages ist die
Geschwindigkeit so angegeben, daß auf gerader Linie und größeren Curven das Kilo=
meter nicht schneller als in 5 Minuten, in den kurzen Curven in 7 Minuten durch=
laufen werden darf.

in denen nur wenige Fuhrleute vorhanden, Waldeisenbahnen zu
empfehlen sind und daß die technischen Schwierigkeiten nicht so groß
sind, um von ihrem Bau abstehen zu lassen. Soweit B. die deutschen
Waldgebirge kennt, ist ihm kein Terrain bekannt, in dem Waldbahnen
nicht verhältnißmäßig leicht hergestellt werden können.

In der De. F. Nr. 8 ist eine neue einschienige Eisenbahn be=
schrieben, bei der die Schnelligkeit der Wagen durch eine automatisch
wirkende Centrifugalbremse geregelt wird. Überschreitet nämlich ein
beladener Wagen eine bestimmte festgesetzte Geschwindigkeit, so heben
die dadurch stärker geschleuderten Gewichte den Regulator, und dieser
drückt den Bremsklotz an den Radkranz. Letzterer faßt den Klotz und
drückt ihn gegen einen Rahmen, wodurch dann eine energische Wirkung
der Bremse erreicht wird, die so lange anhält, bis die verlangsamte
Wagenbewegung die Schleudergewichte wieder senkt und damit die
Bremse aushebt.

Zur Stellung Badens gegenüber der Waldeisenbahnfrage ist ein
Passus in v. B. C. S. 399 von Interesse: Die eingehende Prüfung
ergab, daß die Bedingungen, welche die Eisenbahnen zweckmäßig und
rentabel erscheinen lassen, fehlen. Ebenes, oder doch nicht zu coupirtes,
oder zu steiles Terrain, ein der Hauptsache nach nur nach einer
Richtung sich bewegender Holzabsatz und möglichst concentrirte Hiebs=
schläge treffen in geeigneter Weise nirgends zusammen. Dazu kommt,
daß die Waldungen meistentheils schon durch ein gutes Wegenetz auf=
geschlossen sind und das nöthige Fuhrwerk überall und nicht zu theuer
zu haben ist.

Im Deutsch = Oesterreich = Ungarischen Eisenbahnverbande liegen
nicht ganz 94 Millionen Holzschwellen, davon ca. 57 Millionen
von Eichen, etwas über 2 Millionen von Buchen, ca. 4 Millionen
von Lärchen, ca. 30 Millionen von Kiefern und Tannen; in Deutsch=
land sind verwendet 31 Millionen eichene, 0,6 buchene, 0,2 von
Lärchen, 24 Millionen von Kiefern und Tannen; in Österreich-Ungarn
nimmt die Eiche von 32 Millionen im Ganzen ihrerseits 21,5 ein.
v. B. C. S. 524. Gewiß wird in den nächsten Jahren ein nicht
unbedeutender Theil dieser Schwellen durch Eisen ersetzt werden,
aber wenn die Zeichen nicht trügen, so wird dem Holze doch eine
sehr wesentliche Verwendung bleiben. Die Concurrenz des Eisens
muß das Holz hier und auf anderen Gebieten sich gefallen lassen,
unsere Pflicht ist es aber, Umschau zu halten, damit uns ein Verlust

nicht überrasche, und andererseits durch neue Verwendungen Ersatz gebracht werden kann.

Sychrowsky weist De. F. Z. 17 darauf hin, daß manche neue Bauordnungen der Anwendung des Eisens bedeutenden Vorschub leisten. Die Bauordnung für Nieder-Österreich bestimmt z. B. in gleicher Weise wie die für Wien, daß für Souterrain und Keller-räume hölzerne Decken durchweg ausgeschlossen sind. Seitdem wird aber die eiserne Decke vielfach auch da angewendet, wo die hölzerne noch gestattet wäre. Der Gemeinderath von Wien faßte sogar nach einzelnen üblen Erfahrungen mit Holz den Beschluß, daß die Ver-wendung von Holzconstructionen bei öffentlichen communalen Bauten in Zukunft i. A. ausgeschlossen bleibt und nur bei Bauten von ganz untergeordneter Natur zuzulassen ist.

Über die Buchennutzholzfrage wurde in München bei der Ver-sammlung deutscher Forstleute verhandelt. Das Referat hatten Sprengel und Dr. Weber. An der Debatte betheiligten sich Rb. Hartig, Borggreve, Ulrich, Schumacher, der Verfasser der Eingangs genannten Schrift „die Buchennutzholz-Verwerthung" und Dr. Jäger. Aus dem Gesammteindruck ließ sich erkennen, daß die Forstwirthe durchaus nicht mehr mit dem trüben Blick in die Zukunft unserer Buchenwälder schauen wie ehedem. Während Sprengel mehr auf das Allgemeine, Verbreitung der Buche, Umtriebszeiten, zweck-mäßige Fällungszeiten u. s. w. einging, wählte Weber die Ver-wendungen im besonderen. Hartig sprach über die Unterschiede des Holzes je nach dem Alter, nach der Fällungszeit, nach dem Maße des Schlusses, in dem es erwachsen ist. Borggreve betonte namentlich die Nothwendigkeit der Erziehung von Starkholz. Die übrigen Redner gingen wieder auf einzelne Verwendungen ein. Von Schumacher war für die Verhandlungen die Eingangs schon genannte Broschüre aus-gearbeitet: Die Buchennutzholz-Verwerthung in Preußen.

An der Hand eines reichen und sicheren Zahlenmaterials weist der Verfasser darin den erfreulichen Aufschwung der Buchennutzholz-ausbeute nach, leider aber auch den schnellen Rückgang der Brenn-holzpreise. Er beabsichtigt den Forstmann vertraut zu machen mit den neuesten Erfahrungen der Technik betreffs des Buchenholzes durch Darstellung der einzelnen Verwendungsarten, er will ihn hinweisen auf eine zweckmäßige und gute Herrichtung des Rohmaterials.

Persönlich hätte ich gewünscht, dem Verfasser wäre die von mir

1880 gegebene, auch auf großen Erhebungen beruhende Arbeit: die Buchennutzholzfrage, bekannt gewesen. Es hätte sich dann wohl manches allgemein interessirende Schlaglicht bezüglich des Fortschrittes in der Verwendung ergeben.

v. Hammerstein bringt F. Bl. S. 321 einen sehr beachtenswerthen Aufsatz über die Buchenschwelle. Er sieht die Verhältnisse für die Holzschwelle i. A. für so günstig an, daß er das Vordringen der Eisenschwelle nur als einen vorübergehenden Einbruch in das wohlbesessene Gebiet der Holzschwelle hält und glaubt, daß gerade die verhältnißmäßig sehr billige Buchenschwelle diesen Einbruch rasch zurückweisen wird, besonders da eine Hauptursache desselben die unverhältnißmäßig niedrigen, jetzt erheblich gestiegenen Eisenpreise waren. v. H. macht dann darauf aufmerksam, daß z. Z. manche Maßnahmen der Eisenbahn-Directionen bei den Vergebungen für Buchenschwellhölzer hinderlich sind, so z. B. eine Festsetzung der Submissionen auf den Schluß der Hiebszeit, Lieferungen am 1. December u. a.

Als Kehrseite der Buchenschwellen-Verwerthung bezeichnet es Borggreve F. Bl. S. 364, daß die für andere Zwecke noch zu schwachen, für Schwellenholz aber schon verwendbaren Stämme gehauen werden. Der Lichtstandszuwachs wird dabei kaum benutzt und trotz ihrer Erträge ist die Wirthschaft eine Verlust bringende.

Aus einem in Hamburg von Lange gehaltenen Vortrag über die Verwendung des Buchenholzes zu Bauzwecken entnehmen wir die abermalige Bestätigung der Thatsache, daß Buchenholz frisch die erste Bearbeitung finden muß. Es wird nämlich leicht weißfaul und dieser in ihren Anfängen dem Laien nicht erkennbaren Krankheit verfällt alles eingeschlagene Rundholz vom Monat Juli an. Bis Johanni sollten daher die Stämme aufgetrennt und luftig aufgestapelt werden. (F. Bl. S. 173.)

Aus den mannigfachen weiteren Mittheilungen scheint hervorzugehen, daß die beste Fällzeit für das Buchenholz Spätherbst und Winter, im besonderen aber December ist. Die Spaltung in Halbklüfte läßt die kleinsten und geringsten Risse entstehen. Das in abgetrocknetem Zustande verarbeitete Holz zeigt weniger Risse, als jenes im frischen Zustande. Bretter unterliegen dem Werfen und Reißen am wenigsten. Die Aufbewahrung von Schnittholz soll in bedeckten, zugfreien, geschlossenen Räumen geschehen. Die Hölzer müssen dabei nicht dicht auf einander, sondern durch Zwischenhölzer luftig gelagert

werden. Berindete Köpfe an den Enden der Holzstöcke wirken er=
haltend auf den zwischenliegenden Theil ein und bewahren ihn vor
Reißen.

Aus den Acten der Oberförsterei Worbis theilt Habenicht eine
Reihe werthvoller Notizen mit, die Lauprecht zur Buchennutzholzfrage
daselbst niedergelegt hatte (v. B. C. S. 622). Sie ergänzen den
Aufsatz der Kritischen Blätter Band 48. 1. S. 62, auf den ich hier
nochmals hinweisen möchte.

Die Kenntniß der technischen Eigenschaften der Hölzer ist durch
folgende Arbeiten bestätigt bezw. bereichert worden. Zunächst gab
das Wiener Centr. den Schluß der v. Nördlinger'schen Arbeit über
Zug, Druck und Beugungsfestigkeit der Hölzer.

Wichtige Zahlen über Holzaustrocknung und Wasseraufsaugung
brachte Roth (v. B. C. 620). Ein Buchenster wog frisch am
1. Febr. 16,5 Ctr. und verlor bis 1. Juni 30 %. Ein Forlenster
wog 13,5 und verlor bis dahin 40 %. Bei drei= bis viertägigem
Regen erhöhte sich das Gewicht um 5 %, welcher Zugang in fünf
bis sechs Tagen wieder schwand.

Nach Dr. Staby's Untersuchungen ist Holz in der Längsrichtung
um 0,02—0,455 % geschwunden, in Richtung des Radius 3,29 bis
5,68, in Richtung der Tangente 7,7—9 (v. B. C. S. 331).

„Das Fichten= und Tannenholz des bayerischen Waldes" ist ein
Aufsatz von Rob. Hartig im Wien. C. S. 357. 437 benannt. Darin
erklärt H. die gesetzmäßigen Verschiedenheiten des Holzes in folgender
Weise: Wir wissen, daß bei allen kräftig wachsenden Bäumen der
Zuwachs im Baume unten am größten ist und nach oben abnimmt.
Derselbe Wasserstrom in unveränderter Menge geht im Stamm auf=
wärts und vermindert sich erst innerhalb der Baumkrone durch Ab=
gabe an belaubte und transpirirende Aeste. Da die gleiche Wasser=
menge unten durch einen größeren Holzkörper wandert, als oben, so
muß dieser in demselben Maße, als er sich nach oben verjüngt, an
Leitungsfähigkeit d. h. Porösität zunehmen. Deshalb sehen wir, daß
das Holz im astfreien Schafte in der Regel unten am schwersten ist,
nach oben aber an Gewicht abnimmt. In der Krone vermindert sich
der Wasserstrom durch Abgabe an die Seitenäste, es steigt daher das
Holzgewicht in demselben Maß, als das Holz immer weniger Wasser
nach oben zu transportiren nöthig hat.

Der Harzgehalt der Lärche beträgt nach Hampel's Untersuchungen

(Oe. F. 26) noch nicht 1 %. Im Kernholz kamen Mengen von 0,5 bis 9,8 % vor.

Ueber Merulius lacrymans, den Hausschwamm, giebt Rb. Hartig die Hauptresultate seiner Forschungen (Allg. F. u. J. S. 49). Auf diesen authentischen Auszug der Schrift: Der ächte Hausschwamm, Berlin 1885, wollen wir hinweisen, er wird Viele zum Studium des Buches selbst anregen.

Zwischen Geesthorst und Krümmel sind aus dem Grunde der Elbe Eichenstämme gehoben, die wohl manches Jahrhundert dort ge= legen. Ihr fast schwarzes Holz erhärtete nach dem Herausbringen bald und war meist noch zur Verarbeitung brauchbar. (Oe. F. 32.)

Wie hergebracht berichten wir auch an dieser Stelle über die Waldstreufrage.

Untersuchungen auf Streuflächen der Eberswalder Institutsforsten haben Schwappach folgende Sätze aussprechen lassen (Da. Z. S. 647): Bei gleichem Standort hängt bei der Kiefer die Einwirkung des Streu= entzuges auf das Wachsthum des vorhandenen Bestandes vom Alter desselben und vom Turnus des Streurechens ab. Während der nun= mehr 22jährigen Dauer des Versuchs lassen sich schädliche Folgen des Streuentzuges bei 6jährigem Turnus für den älteren Bestand (73—95 Jahr) überhaupt nicht nachweisen, aber auch bei dem jüngeren Bestande (18—40 Jahr) sind dieselben so geringfügig, daß sie für die Praxis unbeachtet bleiben können. Wird die Streu zwar alljährlich gerecht aber so, daß nur jener Theil der Bodendecke entfernt wird, welcher sich mit hölzernen Rechen leicht wegnehmen läßt, so ist auf guten Standorten die Einwirkung auf das Wachsthum eines über 70 Jahre alten Kiefernbestandes fast verschwindend. In sehr erheblicher Weise wird das Wachsthum jugendlicher 20= bis 40jähriger Bestände durch eine alljährlich erfolgende Entnahme der Bodendecke beeinträchtigt. Diese schädliche Einwirkung macht sich um so lebhafter bemerklich, je jünger der Bestand ist; bereits gegen das 40. Lebensjahr tritt eine solche bezüglich des Zuwachsprocentes auf gutem Boden nur noch in geringem Maße hervor. Die Vorschrift, daß die Kiefernbestände erst dann dem Streurechen geöffnet werden sollen, wenn sie das Alter der halben Umtriebszeit erreicht haben, erscheint eine zweckmäßige und wohl= begründete.

Aus einem Aufsatz von Ramann über die Zusammensetzung, das Volumgewicht lufttrockener Kiefernstreu und den Mineralstoffgehalt einzelner Streubestandtheile sei hervorgehoben, daß die Nadelmenge auf den besseren Bodenflächen gegen die schlechteren zurücktritt. Gras und Astmose haben auf jenen die wesentlichste Bedeutung.

Nach demselben Autor ist der Abfall von Fichtennadeln im Mai am höchsten 23%, der December bringt 10%, die übrigen Monate den Rest in sehr gleichmäßiger Vertheilung. (Danck. Z. S. 727.)

Über die Auslaugung der Eichen= und Buchenstreu sind ebenfalls durch Ramann Versuche angestellt, die die Thatsache bestätigen, daß beide Streuarten schon im Verlaufe eines Winters sehr starken Veränderungen unterworfen sind. Am leichtesten ausziehbar ist Kali, dann folgt Magnesia und Phosphorsäure. Für weitere Versuche dürfte das Ergebniß wichtig sein, daß die Behandlung der Streu mit Wasser im Laboratorium einen zwar schnell fortschreitenden aber sonst gleichartigen Gang der Auslaugung hervorbringt, wie es im Freien geschieht. (Da. Z. S. 1.)

Ed. Heyer wendet sich (F. Bl. S. 241) gegen die Streunutzung, namentlich aber dagegen, daß dieselbe in den Volksvertretungen von Abgeordneten zu Gunsten ihrer Wähler gefordert wird. Gerade dadurch wird dem Forstbeamten, welcher doch nur bei Einschränkung der Streunutzung das Gemeininteresse verficht, die Stellung wesentlich erschwert. Bezüglich der Abgabe von Streu weist H. außer auf Nutzung der Wege und Schneißen auch auf die Mulden, soweit sie feucht sind. Er empfiehlt, die Grenzen nach dieser Richtung fest zu bezeichnen und nicht darüber hinauszugehen. Geschieht es einmal ausnahmsweise, so sind die Flächen rauh umzuhacken.

Die Münchener Verhandlungen über Torfstreu und die mannigfachen Beiträge, die in der Literatur zur Sache beigebracht wurden, ließen erkennen, daß wir in der Torfstreu wirklich ein gutes Material haben, was namentlich befähigt ist die werthvollen aber leicht flüchtigen Ammoniakverbindungen festzuhalten. Dabei giebt sie ein warmes, elastisches Lager und gute Stallluft. Auch die Holzwolle hat sich zum Unterstreuen bewährt und wird in immer steigendem Maße verwendet. Angesichts der Münchener Verhandlungen dürfte aber wohl eine Frage anzuregen sein: Wäre es nicht zweckmäßiger mit solchen Erörterungen direct ins feindliche Lager zu gehen und auf Versammlungen der Landwirthe für die Ersatzmittel zu wirken? Dort ist auf eine ersprießliche Debatte zu hoffen vielleicht dann auch auf gute Folgen.

Zum Schluß sei noch erwähnt, daß Dr. Ramann auf Grund

seiner Untersuchungen über die Wirkung des Streurechens in München eine Mittheilung machte, die sofort mit Einspruch von Ney belegt, die Gemüther in einige Aufregung versetzte. Er sagte nämlich: daß auf gutem Boden die Beseitigung von Rohhumusmassen wünschenswerth sein könne, daß die Wirkung des Rechens auf Lehmboden sich weniger schädlich erwiesen habe als auf Sand.

Ueber die Verhältnisse des Holzmarktes im Jahre 1888 gewann man im Allgemeinen den Eindruck, daß der Anfang des Jahres mit seinen schwierigen politischen Verhältnissen auf den Verkehr und die Preise drückte, daß aber mit Aufklärung des politischen Horizonts auch mehr Kauflust auftauchte und sich das Geschäft später lebhaft entwickelte. Im Ganzen genommen erscheinen die Absatzverhältnisse besser als im Vorjahre.

Nach den Berichten von N. (Allg. F. u. J. S. 189) sind hingegen die Gerbrindenpreise, wie sie sich auf den großen Rindenmärkten stellten, gegen 1887 herabgegangen. Wegen der großen Lieferungen von Leder für die Armee hatte man ein Anziehen erwartet. N. glaubt, daß diese Erwartung dadurch getäuscht wurde, weil die Surrogate — mineralische und vegetabilische — eine zu große Verbreitung in der Praxis bereits erreicht haben und er stellt dem Eichenschälwalde daher auch kein günstiges Prognostikon. Man soll daher die Umwandlung vorbereiten. Wir unterschätzen dabei, sagt er, keineswegs die Schwierigkeit des Ueberganges zu einer anderen Betriebsart und die damit unvermeidlich verbundenen zeitweisen Nachtheile. Was aber doch einmal nicht ausbleiben wird, das überwindet sich viel leichter, wenn man darauf gefaßt und vorbereitet ist, als wenn man die darauf abzielenden einleitenden Maßnahmen soweit sie ohne wesentliche Beeinträchtigung der Gegenwart schon vorher ausführbar sind, in sorgloser vermeintlicher Sicherheit versäumt hat.

Aus einem Aufsatze von Schröder betr. Versuche über den Einfluß der Witterung auf den Gerbstoffgehalt der Fichtenrinde möchte ich hervorheben, daß die in Raummetern aufgestellten Rinden sich voraussichtlich auf längere Zeit im Freien unverändert erhalten, wenn man dieselben oben mit Rindentafeln zudeckt und das seitliche Eindringen des Regens durch Beschlagen mit Reisig möglichst verhindert. (Th. J. S. 67.)

Das s. g. Submissionsverfahren beleuchtet A. Eberts und macht Vorschläge darüber, wie die Geheimhaltung der Angebote am besten zu erreichen ist zugleich aber auch Sicherheit gegeben ist gegen Betrügereien und für die Richtigkeit der Zuschlagsertheilung. Man solle die Gebote so einfordern, daß das äußere Briefcouvert geschlossene Doppelausfertigungen des Angebots enthält. Das eine erhält der Revierverwalter das andere der Forstkassenrendant. Die Eröffnung geschieht in öffentlichem Termine an verschiedenen Tischen und nach einander. Anerbieten, die nicht übereinstimmen, sollen unberücksichtigt bleiben.

Dr. Walther giebt aus den Holzverkaufsprotokollen die Preise an, die in Grebenau für 1 fm Holz von verschiedener in Brusthöhe gemessener Stärke gezahlt wurden. Die Preise nahmen abgesehen von einer Ausnahme mit dem Durchmesser zu, aber nicht so viel, wie man vielleicht vermuthen konnte. Holz unter 26 cm galt 19,32 M., Holz von 41—45 cm 21,67 M. Bei einer anderen Versteigerung wurden die Stämme nach dem Alter geordnet, wobei sich ergab, daß der Preis namhaft mit dem Alter stieg. G. benutzt die Zahlen, um darauf hinzuweisen, daß die Reinertragslehre durchaus nicht immer zu niedrigen Umtrieben führt (F. Bl. S. 65).

Obfm. Danckelmann schreibt über Holzhauerlöhne (Danck. Z. S. 203): Er verlangt von einem gut aufgestellten Tarif, daß die Holzhauer einen etwa 20—30% über dem gemeinen Taxlohn stehenden Satz erarbeiten, daß die Lohnsätze für die einzelnen Holzsortimente dem Zeitaufwande entsprechen, den ihre Werbung erfordert, daß sich die Abstufungen den Verschiedenheiten in der Schwierigkeit der Arbeit je nach Lage und Beschaffenheit der Schläge anpassen, daß die Sätze für die einzelnen Holzarten und Sortimente in einem angemessenen festen Verhältniß zu einander stehen, daß besonders hochwerthige Sortimente dem Arbeiter einen höheren Tagelohn bringen. Danckelmann entwirft dann auf Grund von einer Anzahl bestehender Tarife nach den Durchschnitten der einzelnen Sortimente und nach Maßgabe des Durchschnittstagelohns unter Ausgleichung vorkommender Unebenheiten einen Stufentarif. Das hierbei zu Grunde gelegte Material zeigt interessante statistische Einzelheiten nicht allein in Bezug auf die Höhe der ortsüblichen Tagelöhne, sondern auch in Bezug auf das Verhältniß, was obwaltet zwischen dem ortsüblichen Lohn und dem Hauerlohnssatz für ein bestimmtes Sortiment. Man sollte glauben, daß die Werbung von einem fm Langnutzholz in Nadelholz einen ziemlich festen Satz des ortsüblichen Lohnes beanspruche, also etwa wie ihn

D. nach dem Durchschnitt und geschehener Ausgleichung zu 0,45 an=
nimmt, das ist aber nicht der Fall. Die Sätze der einzelnen Tarife
sind z. B. 0,261 — 0,583 — 0,917. Ein rationeller Tarif würde
nur einen Satz also in unserem Falle z. B. 0,45 kennen. Geht der
Tagelohn nun von 1,00 auf 2,00 M., so folgt der Satz entsprechend
von 45 auf 90 Pf. Ein vollständig ausgearbeiteter Stufentarif ent=
hält nach den vorstehenden Verhältnißzahlen der Sortimente zum Tage=
lohn für eine ganze Reihe von Tagelohnsätzen berechnete Hauerlöhne.
Die Zweckmäßigkeit ihrer Verwendung würde wohl unbestreitbar sein.
Der wunde Punkt liegt in der Herleitung brauchbarer Verhältnißzahlen.
In begrenzter Weise und etwas andrer Form sind übrigens wie
S. 211 hervorgehoben wird, solche Tarife in Braunschweig schon seit
1884 in Anwendung.

f. Forfteinrichtung.

Neumeister. Preßler's forstliches Hülfsbuch für Schule und Praxis.
V. Abtheilung oder V. Heft. Zur Forst= und Forstbetriebsein=
richtung der höchsten Wald= bei höchster Bodenrente mit Instruction
zur Einrichtung und Bewirthschaftung eines Reviers, als vierte
vervollständigte und umgearbeitete Auflage vom Hochwaldideal
Heft 8. Wien, Perles.

Stötzer sagt darüber im Wien. C. S. 279: Der Herausgeber
hat durch ausführliche Behandlung der Details der Forsteinrichtungs=
arbeiten das Büchlein practisch gestaltet, indem er, anknüpfend an
das Verfahren, welches sich bei der sächsischen Forsteinrichtungsanstalt
allmälig ausgebildet hat, eine vollständige Instruction zur Ausführung
der sämmtlichen, bei Anfertigung einer Ertragsregelung vorkommenden
practischen Arbeiten lieferte, sowie auch eine Anzahl der in Sachsen
gebräuchlichen Formulare und den Abdruck eines Stückes Bestands=
karte hinzufügte. — Ohne dem Andenken Preßlers zu nahe zu treten,
hätte der Herausgeber aber wohl den Titel vereinfachen können. Es
giebt ja nicht viele Leute, die in die Geheimnisse der Abtheilungs=
und Heftbildungen Pr.'s voll eingeweiht sind, und jetzt ist uns wiederum
in diesen Bezeichnungen ein nicht leicht zu lösendes Räthsel gegeben.

Nichts Neues bringt zwar eigentlich O. Scherel, Oberforstmeister
und Direktor der Kgl. Sächsischen Forsteinrichtungsanstalt in seinem
Aufsatze: Wie wir der Perioden entbehren (Aus d. Walde 38),
dennoch wird der Inhalt für viele Leser neu gewesen sein und

manches Vorurtheil zerstören. Sch. faßte das Vorgetragene dahin zusammen: Wir halten einen allgemeinen Einrichtungsplan für unzutreffend, nutzlos und entbehrlich, weil wir die Nachhaltigkeit des Waldes durch möglichst normale Gestaltung des Altersklassenverhältnisses sichern, welches wir alle zehn Jahre genau ermitteln und mit großer Aufmerksamkeit studiren, um die Stetigkeit der Nutzung durch angemessen kleine Hiebszüge zu erreichen, welche uns freie Bewegung in der Abnutzung der Bestände gestattet.

Zu der von mir ausgesprochenen Ansicht über die Reinertragslehre Chron. XIII. S. 68 bemerkt die Oest. V. f. Forstw. S. 60, daß ich auf den im IV. Hefte 1887 dieser Zeitschrift von Vogl gemachten Vorschlag hätte hinweisen können, nämlich die bisher stets nur*) akademisch geführte Fehde endlich einmal im Walde selbst auszutragen. Das sei hiermit geschehen. Freunde und Gegner der Lehre würden dabei gewinnen.

Dr. Walther-Grebenau spricht sich in seinem Aufsatze: Die finanzielle Wirthschaft im Walde, gegen die feste Umtriebszeit als solche aus. Der Berechnung der finanziellen Umtriebszeit legt er keinen großen Werth bei, weil Abweichungen von ihr fast die Regel bilden. Es kommt lediglich darauf an, daß ein jeder Bestand durch die richtige Einsicht des Wirthschafters zur vollkommensten Leistung geführt werde, wozu uns nicht allein die Rechenkunst, sondern vorzüglich auch die Waldbaulehre und die Erkenntniß der Marktverhältnisse, der technischen Verwendbarkeit anleitet. Unabhängig davon, ob eine Umtriebszeit gegeben ist oder nicht, untersuche man den einzelnen Bestand und ermittele für diesen die vortheilhafteste Abtriebszeit. Dadurch wird die Forsteinrichtung als solche nicht etwa bei Seite geschoben, sondern sie bleibt ebenso unerläßlich wie eine genaue statische und statistische Buchführung. (Allg. F. u. J. S. 195.)

Die Frage nach der Verbuchung der Erträge, die nicht aus dem zum Zwecke der Verjüngung geführten Hieben stammen, hat eine ganze Reihe von Beantwortungen erfahren. Es ist die fortgesetzte Besprechung um so auffallender, als in den meisten deutschen Staaten eine endgültige Entscheidung schon vor Jahren getroffen ist, und viele Erfahrungen über Zweckmäßigkeit des einen oder anderen Gedankens der

---

*) Die Herren Recensenten, die mit diesem Wort nicht einverstanden sein sollten, erlaube ich mir auf das Original zu verweisen.

Bestimmungen vorliegen. Einhelligkeit in der Behandlung der Sache fehlt ja allerdings. Selbst die Vorfrage: was heißt Hauptnutzung, was Zwischennutzung, wird leider, wie wir in einem Aufsatze (Aus d. W. Nr. 4, 8) bestätigt finden, sehr verschieden beantwortet und möchte daher ein erneuerter Ruf nach einer Spracheinigung sehr wohl am Platze sein.

Landolt faßt die Beziehungen der Zwischennutzungen zum nach-haltigen Ertrag der Waldungen so auf, daß man die eigentlichen Durchforstungserträge, ohne die Nachhaltigkeit zu gefährden, aus der Ertragsberechnung fortlassen kann. Die unvorhergesehenen Vor-nutzungen aber gehören zur Hauptnutzung, sobald vorauszusehen ist, daß der Schlagertrag durch die eingetretene Schädigung erheblich ver-mindert wird. Die Durchforstungserträge können bei der Kahlschlag-wirthschaft und natürlichen Verjüngungen, die in einem nicht längeren Zeitraum als 20 Jahr vollendet sein sollen, ohne Bedenken von der Nachhaltigkeitscontrole ausgeschlossen werden, während sie beim allmäligen Abtrieb mit längeren Verjüngungszeiträumen und bei der Plänter-wirthschaft in den für die Beurtheilung der Nachhaltigkeit maßgebenden Gesamtetat eingeschlossen werden müssen. Schweiz. Z. S. 124.

Pöpel will die Verrechnung Allg. F. u. J. S. 312 so gehalten wissen, daß Durchforstungen, Läuterungen, Überhälterertrag und ähnliche Nutzungen besonders verrechnet werden, um den Etat der Abtriebsnutzung nicht zu beeinflussen. Bei diesen Hieben soll größter Spielraum gelassen werden. Für zufällige Nutzungen stellt P. kein bestimmtes Verlangen, wird es aber im Allgemeinen vorziehen, sie bei dem Abtriebsetat einzustellen. In v. B. C. S. 143 sucht man hingegen die Verbuchung der zufälligen Ergebnisse (Totalitätshieb) grundsätzlich dahin zu regeln, daß man alle Erträge der I. u. II. Periode als Hauptnutzung behandelt, die Erträge der übrigen Perioden i. A. als Zwischennutzung. Nur dann, wenn durch den Anfall von Holz die Haupterträge erheblich geschmälert werden würden, ist eine Buchung bei der Hauptnutzung zulässig. Es dürfte sich empfehlen, die Beurtheilung, ob das der Fall ist, dem Ermessen des mit den örtlichen Verhältnissen vertrauten Forstverwalters zu überlassen.

Scherel giebt (Thar. J. S. 81) zur Frage der Bestimmung des Hiebssatzes der Zwischennutzungen in der Hauptsache eine Erwiderung auf den Artikel von Heger (Chron. XIII. S. 60.) Sch. glaubt, daß man in Sachsen in Zukunft ebensowenig wie seither an

irgend einer gefährlichen Klippe scheitern werde, wenn man Abtriebs=
und Zwischennutzung zusammenfaßt und nach so bestimmtem Hiebsatz
wirthschaftet. Das Verfahren, um zu einer Zahl für die Größe der
Zwischennutzung zu kommen, ist folgendes: Die Flächensumme der zur
Durchforstung bestimmten Bestände wird mit dem seitherigen durch=
schnittlichen Durchforstungsergebniß für 1 ha multiplicirt. Ebenso
werden nach Maßgabe der seitherigen Ergebnisse die Erträge der
Läuterungen und Räumungen (?) beziffert und die Nutzungen zufälliger,
also unfreiwilliger Art unter Weglassung abnormer Jahre eingeschätzt.

Eberts kommt in seinen Erwägungen über die Mittel, mit
Hülfe deren sich aus den Staats= und Gemeindewaldungen in der
Gegenwart größere Reinerträge erzielen lassen, zu dem Schlusse, daß
man nicht nur das Holz, sondern alle Producte, soweit sie ohne sub=
stantiellen Nachtheil für den Wald beziehbar sind, nützen muß, daß
die Verwerthung derselben, namentlich aber des Holzes in kauf=
männischer Weise zu geschehen hat, und daß man zurückkehren muß
zu einer weisen, das Arbeiterwohl nicht schädigenden und die zukünftige
Holzproduction voraussichtlich in Masse und Werth nicht mindernden
Sparsamkeit in den Ausgaben. (Danck. Z. S. 414.)

Baumgartner spricht Oe. F. Z. 1. für die Einführung forstlicher
Gedenkbücher, womit eine den preuß. Taxations=Notizenbüchern ähnliche
Einrichtung gemeint ist. Dieser Hinweis auf lang Bestehendes und
Bewährtes wird dem Herrn Verfasser vielleicht von besonderem
Interesse sein.

g. Holzmeßkunde.

Behm. Kubiktabelle zur Bestimmung des Inhalts von Rundhölzern.
11. Aufl. Berlin, Springer.

Schuberg. Aus deutschen Forsten. Mittheilungen über den Wuchs
und Ertrag der Waldbestände im Schluß= und Lichtstande I.
Die Weißtanne bei der Erziehung in geschlossenen Beständen.
Nach den Aufnahmen in badischen Waldungen bearbeitet. Tü=
bingen, Laupp.

Langenbacher und Nossek. Lehr= und Handbuch der Holzmeßkunde
I. Theil. Die Kubirung des Holzes im liegenden Zustande.

Schuberg bietet in seinem Werke — welches übrigens als das
erste einer Reihe von ähnlichen Arbeiten sich ankündigt, — Formzahl=
tabellen und Ertragstafeln der Weißtanne letztere für fünf Standorts=
klassen unter Auseinanderhaltung von drei Schlußgraden bei jeder.

Als Kriterium der Bonität gilt die Masse derartig, daß, wenn die bestimmte Masse gefunden wird, auch die Bonität vorliegt gleichviel wie die Ausbildung der Einzelstämme*) ist. Die Bonität der Normalbestände kann also erst aus der Massenaufnahme selbst erkannt werden.

Vom Verein der forstl. Versuchsanstalten ist der Begriff des Normalbestandes begrenzt. Es ist ein solcher, welcher bei gegebener Höhe und gegebenem Alter nahezu gleiche Maximalkreisflächensummen insoweit hat, als größere Differenzen in letzteren als 15% nicht vorkommen dürfen und allzu stammreiche und allzu stammarme Bestände auszuscheiden sind (Protokoll). Auch die Bonitäten sind abgegrenzt. Im 100. Jahre soll ein Normalbestand haben:

		Kiefer	Fichte u. Tanne	Buche
Bonität	I	700	1100	720
=	II	550	900	580
=	III	420	720	460
=	IV	300	550	350
=	V	200	400	250.

Die Mittelhöhe wird in Zukunft nicht mehr als arithmetisches Mittel berechnet werden, sondern aus der Formel

$$\frac{g_1 h_1 + g_2 h_2 + g_3 h_3 + \ldots}{g_1 + g_2 + g_3 + \ldots}$$

Man hat sich dann für Localertragstafeln ausgesprochen. Sie sind anzustreben und für wünschenswerth wird es erachtet, daß bei Aufstellung der Tafeln sich die benachbarten Versuchsanstalten bezüglich des Wachsthums- und Wirthschaftsgebiets verständigen und ergänzen. Der Inhalt der Tafeln wird in Zukunft sich insofern erweitern als eine Sortimentsausscheidung des Derbholzes nach Scheitholz und Knüppeln angefügt werden wird.

Ueber die Aufstellung von Ertragstafeln brachte Schwappach

---

*) 530 fm in Bonität V zeigen z. B. im 120. Jahre eine Mittelhöhe von 22 —17,6 m
673 = = = IV = = = = = = = = 25,9—21,4 =
825 = = = III = = = = = = = = 29,7—25,3 =
991 = = = II = = = = = = = = 33,1—28,7 =
1168 = = = I = = = = = = = = 36,6—32,1 =
je nach Schlußgrad.
Hier findet also ein bedeutendes Auseinandergehen ja sogar schon ein Uebereinandergreifen der Ertragsklassen statt; beim Durchmesser treten diese Erscheinungen noch stärker auf, denn es geht V von 21,5—28,7 cm; IV von 26,4—33,7 cm; III von 31,5—38,8 cm; II von 36,1—43,8 cm; I von 40,8—49,0 cm.

einen in der Hauptsache gegen Borggreves Auslassungen in den forstl. Blättern von 1883 (Chron. IX. S. 64) und in der Forstabschätzung gerichteten Artikel. Es wird darin die Höhe als Hülfe für die Bonitirung vertheidigt. Sie habe denn doch etwas mehr Werth als die Güte des Rockes und die Schwere der Uhrkette für Bemessung des Reichthums. (Da. Z. S. 277.)

Die Numerirung der Stämme auf den Versuchsflächen ist zwar bekanntlich (Chron. XIII. S. 64) von den deutschen Versuchs-anstalten nicht angenommen und auch auf der letzten Fachconferenz des oesterreichischen Versuchswesens hat man sich gegenüber einem von v. Guttenberg ausgehenden Vorschlag ablehnend verhalten, dennoch aber mehren sich die Anzeichen, daß die Anregung nicht verloren ist. Dr. Speidel findet an der Rinikerschen Arbeit, wie klar und durch-sichtig u. a. die Zuwachsleistungen der einzelnen Stammklassen werden und er möchte deshalb gleiche Vortheile auch bei fehlender Stamm-nummerirung den Aufnahmen geben. In der Allg. F. u. J. S. 233 finden wir seinen Vorschlag, über den aber wohl erst zu berichten ist, wenn der Verfasser uns die versprochene Uebersetzung aus der Theorie in die Praxis gegeben hat.

Obf. Dr. Grundner benutzt die Rinikerschen Untersuchungen, um die Betheiligung der Stärkeklassen am Bestandszuwachse klar zu legen. Es geht daraus hervor, daß Flächenzuwachs, Durchmesserzunahme, Zuwachsprocent mit dem Durchmesser steigen. Die stärkeren Klassen produciren also bedeutend mehr Masse als die schwächeren. G. zeigt dann, daß die Klarheit, die wir aus den Rinikerschen Untersuchungen erhalten, ein Ergebniß des verfeinerten Aufnahmeverfahrens ist und hierin reicht er meinen Bemühungen zur Sache (Chron. XIII.) voll-ständig die Hand. (Allg. F. u. J. S. 7.)

In seinen Erfahrungen über strengere Methoden der Untersuchung des Waldertrags und über die Ergebnisse derselben handelt Schuberg u. a. den Werth der Numerirung der Stämme auf den Probeflächen ab. In Baden existiren solche Flächen seit zehn Jahren und ist bereits ihre dritte Aufnahme erfolgt. Bestätigt wird dadurch, daß je nach Stärke der Durchforstung die rechnungsmäßigen Mittelstämme der Klassen und des Bestandes zu den je dickeren Stämmen hinübergleiten, daß also hierdurch die Wuchsvorgänge verschleiert werden. Bei der Bestandeshöhe tritt eine ähnliche aber nur vor dem größten Höhen-wuchse bedeutende, nach demselben unerhebliche Verschiebung ein. Der

Einblick, den wir in alle möglichen anderen Verhältnisse erhalten, ist ein vollständiger, so daß Sch. schreibt: Die Numerirung aller Bäume eines stehenden Bestandes bietet sich offenbar als das sicherste Verfahren an, um das Wuchsverhalten jedes einzelnen Stammes mit Erfolg zu beobachten und liegt eigentlich sehr nahe, kann sogar bei älteren Beständen, deren Verhalten im Schluß oder in der Lichtstellung genau festgestellt werden soll, gar nicht umgangen werden. (S. 374.) Schuberg zeigt nun u. a. an der Hand seiner Zahlen, daß bei schwächstem Durchforstungsgrade 57 oder 63% aller Stämme keine oder nur eine minimale Stärkezunahme haben, daß es wirthschaftlich gerechtfertigt ist, die bereits als frohwüchsig bewährten Stämme zu erhalten und zu begünstigen, da sie die Träger der Massen- und Werthserzeugung sind. Das sind Dank der Aufnahmeart nunmehr wirthschaftliche Thatsachen.

Wenn ich bis zu diesem Puncte mit freudiger Genugthuung die vollständige Übereinstimmung mit Sch. feststellen kann, so weichen wir in Folgendem etwas auseinander. Sch. fürchtet*) die thatsächliche Vermehrung der Aufnahmearbeiten und sagt, es kommt zunächst darauf an, möglichst zahlreiche Versuchsflächen unter vielen verschiedenen Bedingungen des Wachsthums und der wirthschaftlichen Behandlung anzulegen. Meine Ansicht ist, daß wir aus wenigen aber ganz streng durchgeführten Aufnahmen mehr lernen werden. Nicht die Menge, sondern der Werth der gewonnenen Zahlen ist ausschlaggebend. Deshalb wird man zur Numerirung der Stämme übergehen müssen, wenn auch vielleicht etwas später und nicht auf die von mir gegebene Anregung.

Eine neue Massenermittelungsmethode, erdacht vom Rittmeister Prytz, theilt dessen Bruder, Professor der Forstwissenschaft in Kopen-

---

*) Bei den Verhandlungen im Verein des forstl. Versuchswesens ist diese Auffassung vielleicht etwas zu scharf hervorgehoben, so daß Schwappach in seinem Bericht aussprechen konnte, daß der Verein auf Grund der in Braunschweig und Baden vorgenommenen Arbeiten beschlossen habe, die Baumnumerirung in den ständigen Versuchsflächen nicht als obligatorisch in den allgemeinen Arbeitsplan aufzunehmen. Wenn Schuberg es auffallend findet, daß die Chronik die stattgehabten Numerirungen in Baden ignorirt (v. B. C. S. 383), so erklärt sich das einfach damit, daß ich Sch. für einen Gegner des Numerirens hielt. Es schien mir aus Gründen, die ich wohl nicht näher zu erörtern brauche, deshalb richtiger, Baden ganz aus dem Spiele zu lassen. Damit erledigt sich zugleich die Bemerkung auf S. 371 daf.

hagen (Allg. F. u. J. S. 265) mit. Sie benutzt die Thatsache, daß in geschlossenen Beständen die Zahl der Bäume, die dieselbe Grundstärke haben, um so größer ist, je weniger der betr. Durchmesser vom Mitteldurchmesser des Bestandes abweicht. Man braucht deshalb nicht jeden Stamm genau zu messen, sondern die Stämme nur in drei Gruppen, schwache, mäßige und starke zu vertheilen und festzustellen, wie viele Stämme jede der drei Gruppen enthält. Der Mitteldurchmesser des jedesmaligen Bestandes soll zwischen die Grenzen der mittleren Gruppe fallen. Auch nach den Höhen werden die Stämme in drei Gruppen getheilt und sämmtlich aufgenommen. Als dritte in die Berechnung hineinzuziehende Größe erscheint das nur an einzelnen Stämmen zu messende Mittenstärkeverhältniß, eine etwas complicirte Näherungsgröße. Man berechnet sich nämlich einen reducirten Normalstamm und aus diesem dann die Maße eines Mittelstammes. Die aus den Herleitungen gewonnenen Näherungswerthe sollen so beschaffen sein, daß bei ihrer Anwendung nur ein geringer Fehler gemacht wird.

Dr. Speidel theilt über den Massengehalt einer zum Hiebe gelangten Kiefern-Versuchsfläche Beachtenswerthes mit. Es ergiebt sich, daß die Rinde bei Messung in 1,3 m Höhe am stehenden und bei Messung in Stammesmitte am liegenden Holze ganz bedeutende Verschiedenheiten in die Holzmassenberechnung bringen kann. Sp. empfiehlt für die Praxis der Vorrathsaufnahmen 10% der gekluppten Kreisflächen in Abzug zu bringen und damit einen Ausgleich zu schaffen. (Allg. F. u. J. S. 406.)

Nach Dr. Walther (Da. Z. S. 284) nimmt das Rindenproduct mit wachsendem Durchmesser bei der Kiefer ab, eine Erscheinung, die mindestens wohl bei allen rauhborkigen Holzarten hervortreten wird. Als ungefähr verwerthbarer Näherungswerth für den Rindenantheil kann 10% gelten.

Eine Mittheilung über die Größe des wirthschaftlich verbuchten Einschlages auf einer sächsischen Kiefernversuchsfläche beziffert einen bedeutenden Ausfall gegen die bei den Versuchsaufnahmen berechneten Massen. Hier wird die Differenz auf die Nichtbeachtung der Rinde zurückgeführt. Daß eine Reduction der bei den Erhebungen gefundenen Massen nothwendig ist, darauf ist von mir bereits 1885 in Danck. Z. S. 281 hingewiesen. (Chron. XI. S. 62.)

In einem längeren Aufsatze über die Wahl der Massenermittelungsmethode und über die Genauigkeit, mit welcher die Massenaufnahme für Forsteinrichtungszwecke auszuführen ist (Aus dem Walde, beginnend mit 9), giebt Eigener einen sehr vollständigen dabei verhältnißmäßig kurzen Überblick über die Methoden, und läßt dabei manchen beachtenswerthen Wink einfließen. Er stützt sich in seinem Vortrage auf einen ca. 0,4 ha großen Kiefernbestand, der kahl abgetrieben wurde und der nun Gelegenheit bot, die Methoden sämmtlich zu prüfen. Aus dem reichen Material heben wir Folgendes hervor: E. findet bestätigt, daß die Zahl der Probestämme eine Grenze hat und daß man nicht immer größere Genauigkeit erhält mit dem Anwachsen der Zahl. Er erklärt sich Nr. 18 mit folgendem einverstanden, daß man dem Beispiele Österreichs folgend bei specieller Aufnahme des ganzen Bestandes die Procentzahl der Modellstämme zwischen $\frac{1}{2}$ bis 2% der Stammzahl jeder Stärkeklasse schwanken läßt. Dieselbe kann kleiner sein, wenn zahlreiche Stärkeklassen gebildet werden und wenn die Stämme gleichartiger sich entwickelt haben. Nicht alle Probestämme brauchen gefällt zu werden, man kann vielmehr einen Theil mit den Massentafeln berechnen. Besonders warm wird dann aber die reine Anwendung der Massentafeln nach Auskluppung des ganzen Bestandes empfohlen. Sie ist dem Probestammverfahren bei Weitem bezüglich der Sicherheit überlegen.

Dr. Speidel untersucht die Altersverschiebung auf den bestehenden Fichtenertrags-Probeflächen von Aufnahme zu Aufnahme. Von 55 natürlich und 10 künstlich verjüngten Beständen waren nur 7 bezw. 2 rechnungsmäßig um soviel Jahre älter geworden, als Jahre zwischen den Aufnahmen lagen. Ein Princip der Altersverschiebung mit zunehmender Stärke und abnehmender Stammzahl konnte nicht gefunden werden, wie dies z. B. für Buchenstangenhölzer im Sinne des relativen Älterwerdens möglich war. Sp. will nun, um die damit für die weitere Benutzung der Aufnahmeergebnisse sich fühlbar machenden Übelstände zu heben, den gehauenen Nebenbestand in die Altersberechnung einbeziehen. Er berechnet das Alter auf die Mitte der Zuwachsperiode als arithmetischen Durchschnitt der bei der I. und II. Aufnahme bestimmten Alter und findet dann das zu acceptirende Alter der I. Aufnahme, indem er eine halbe Zuwachsperiode abzieht, das der II. Aufnahme, indem er die gleiche Summe zuzählt. (Allg. F. u. J. S. 228.)

Schwappach hat die Methoden für die Ermittelung des Zuwachsprocentes an der Hand der bei den Ertragsuntersuchungen gemachten

Stammanalyfen geprüft und gefunden, daß das Verhältniß zwischen Maffen= und Stärkezuwachsprocent nicht nur am Einzelftamm, fondern auch bei Berückfichtigung von Durchfchnittswerthen außerordentlich fchwankt und die betr. Gefetze fich noch vollftändig unferer Kenntniß entziehen. (Danck. Z. S. 467.)

Unterfuchungen von Kunze ergeben, daß bei der Buche die Preßler'fchen Zuwachsftufen für die herrfchenden Stämme zu große, für die unterdrückten zu niedrige Werthe liefern. Für die Fichte find mindeftens 10, beffer 15 Jahrringe in Berechnung zu ziehen, dann aber liefert die Preßler'fche Methode gute Ergebniffe. (Th. J. S. 110.) Eine conftante Zuwachsbreite, wie fie z. B. die Schneider'fche Zuwachsformel bedingt, erfcheint nicht zweckmäßig, weil die berechneten Zuwachsprocente ungleiche Genauigkeit erhalten.

Auf Grund der Arbeiten bei der fächf. Verfuchsanftalt ftellt Kunze (Thar. J. S. 51) ächte Schaft= und Baumformzahlen der Fichte auf, geordnet nach Alter, Kronenbreite und Kronenanfatz und ebenfo Aftmaffenprocente. Während die Schaftformzahlen die Ausfcheidung von nur zwei Altersklaffen möglich erfcheinen laffen, wobei 60 Jahr als Grenze gilt, liegt die Sache wegen der fehr verfchiedenen Aft= maffen bei der Baumformzahl fchwieriger und genügt eine fo einfache Theilung nicht.

Schuberg giebt v. B. C. S. 1 im Revier Kippenheim gefammelte Zahlen über Zuwachs und Maffengehalt der Efche. Eine Maffen= tafel für Schaftgehalte 30jähriger Efchen fteht S. 5, eine Formzahl= tabelle für Stämme bis zu 55 cm Durchm. u. 30 m Höhe S. 12.

Rb. Hartig prüft den von Weber ausgefprochenen Gedanken auf feine Stichhaltigkeit, wonach die verfchiedenen beftandbildenden Holz= arten auf den für fie geeigneten Standorten unter fonft gleichen Ver= hältniffen durchfchnittlich jährlich nahezu gleiche Gewichtsmengen Trocken= fubftanz erzeugen. Er ging dabei fo vor, daß er zwei Beftände ver= fchiedener Holzarten auf genau demfelben Standort unterfuchte. Er fand als geeignete Objecte einen 61jährigen Rothbuchen= und einen 51jährigen Fichtenbeftand und an diefen eine Produktion von organifcher Subftanz von 1 : 1,8, während die Volumenproduction fich im Ver= hältniß 1 : 2,78 bewegte. Es fand alfo nur eine Annäherung in den Verhältnißzahlen ftatt. Allg. F. u. J. S. 52.

Weber legt dem gegenüber in einem befonderen Auffatze Allg. F. u. J. S. 113 verftärkten Nachdruck darauf, daß der Satz richtig

ist für die den einzelnen Holzarten zusagenden und nach lokalen Er=
fahrungen bonitirten Standortsklassen. Man wird daher auch finden,
daß Buchen= und Eichenhochwaldungen auf ihrer ersten Standortsklasse
in ganzen Beständen über 3000 kg wasserfreie Holzmasse durchschnittlich
jährlich auf 1 ha vom dominirenden Bestande bringen, während Weiß=
tannen und Fichten je auf ihrer besten Standortsklasse nicht wesentlich
darüber sich erheben. Wir sehen daher, daß die Massenerzeugung nicht
durchgehends proportional der Bodengüte ist, sondern daß sich eine
obere Grenze findet, über welche hinaus auch der größte Reichthum an
Bodennährstoffen die Jahresproduktion nicht zu heben vermag. Tritt eine
Verminderung in der Zufuhr eines wichtigen Nährstoffs ein, so äußert
sich dieser Mangel in dem Sinken des Ertrags und zwar am frühesten
bei den anspruchsvollsten Holzarten, erst später bei den s. g. genüg=
sameren, so daß recht wohl der Fall denkbar ist, daß derselbe Boden
als IV. Klasse für Buchen und I. Klasse für Fichten erklärt werden
muß. Und diese Frage, wie sich die Erträge zweier verschiedener
Holzarten auf sonst gleichen Standorten zu einander verhalten, läßt
sich durch vergleichende Messungen in der Art lösen, wie Rb. Hartig
vorging.

In der De. V. f. Forstw. S. 97. giebt uns v. Guttenberg eine
Reihe von Untersuchungen, die an Beständen auf altem Ackerland
gemacht sind. Die außerordentlichen Zuwachsleistungen dieser Pflanz=
bestände, welche für die Fichte 12 und 15 fm Durchschnittszuwachs
bringen und für die Weymuthskiefer sogar bis 16,6 fm gehen, be=
weisen, daß auch die Waldwirthschaft diesen Böden hohe Erträge ab=
zugewinnen vermag. Die Pflanzungen sind in weitere Verbande an=
gelegt und glaubt v. G., daß dies der Entwickelung sehr zu statten
gekommen ist. Zum Beweise dafür werden die Aufnahme=Resultate
mitgetheilt. Aus dem umfangreichen Zahlenwerk, was dem Aufsatz
beigegeben ist, ist viel Interessantes zu entnehmen, so z. B. die That=
sache sehr früher Culminationen am Mittelstamm: Höhenzuwachs vor
dem 15. Jahre, Grundflächenzuwachs zwischen 15 und 20, Massen=
zuwachs im 45. Jahre. Zu denken giebt, daß die Mittelstämme
der Pflanzungen im engen Verbande im 10. Jahre gegenüber jenen
des weiteren Verbandes sowohl in der Grundstärke, als auch in der
Höhe voraus sind, vom 10. Jahre ab aber eine weniger günstige
Entwickelung gegenüber dem bei weiteren Verbänden zeigen. Der
Mittelstamm im weiteren Verbande hat im 30. Jahre nahezu den

doppelten Kubikinhalt gegenüber jenem des dichten Bestandes. Die stärksten Stämme sind stets schon in der Jugend stark vorwüchsig. Die Formzahlen des weiteren Verbandes gestalten sich nicht ungünstig. Am schnellsten wächst bis zum 10. und 15. Jahre die Lärche, dann folgt Kiefer, Weymouthskiefer, endlich Fichte. Die gemeine Kiefer wird von der Weymouthskiefer schon im 20. Jahre überholt, die Fichte wächst mit dem 25. Jahre über beide hinaus.

Untersuchungen in Altenau zeigten, daß im 80jährigen Fichten=bestande der laufende Zuwachs den durchschnittlichen noch bedeutend überragt, im 100jährigen Alter beginnt vielleicht eben die lange Pe=riode, in der beide gleichstehen. (König. F. Bl. S. 307.)

Ein interessante Tabelle über den Zuwachs an Ueberhältern in Fichten und Tannen giebt Vogl Oest. V. f. Forstw. S. 67. Der Quantitätszuwachs ging bis 10%, der Werthszuwachs bis 2 und finden sich beide Maxima an etlichen Stämmen zusammen, so daß beide bis 12% stiegen. Die niedrigste Zahl war 4½.

Die Schwarzkiefer läßt (Böhmerle im Wien. C. S. 402) im Stangenholzalter in höheren Lagen rascher im Höhenwuchs nach als in den niederen. In der Ebene weist sie in ihrer Jugend verhält=nißmäßig geringe Höhentriebe auf, fällt aber bis zum Baumalter minder rasch im Höhenwuchse als ihre Schwester in den Bergen. In höheren Altern ist sie im Gebirge am wuchskräftigsten und setzt auf halbwegs günstigem Standort lange Jahre hindurch noch Höhen=triebe an, wo sie in der Ebene schon jeden Höhenwuchs eingestellt hat.

Die Wuchsverhältnisse der nordschwedischen Kiefer führt uns Badstübner vor. Wir können hier nur auf die sehr bedeutende Lang=samwüchsigkeit hinweisen, der laufend jährliche Zuwachs culminirt stammweise dabei im 120., der durchschnittliche im 170. Jahre. (Da. Z. S. 160.)

Brüel hat den Versuch gemacht, die Photographie in den Dienst der Holzmeßkunde zu stellen. Wenn man nämlich Signale von bekannter Größe an den zu messenden Bäumen anbringt und die Entfernung des photographischen Apparates von dem betreffenden Baum mißt, so lassen sich Regeln berechnen, unter deren Anwendung man nach den Angaben der Photographie das getreue Bild des Baumes in größerm Maße aufzeichnen kann (Bericht von Möller über die Kopenhagener Ausstellung. F. Bl. S. 327).

h. Waldwerthberechnung, Statik, Waldbesteuerung.

Frey. Die Methode der Tauschwerthe. Ein Beitrag zur Lösung der Waldwerthrechnungsfrage. Berlin, Springer.

Anleitung zur Waldwerthberechnung im Auftrage des Finanz-Ministers verfaßt vom Kgl. Preuß. Ministerial-Forstbureau im Jahre 1866. Abdruck der amtlichen Ausgabe mit Berücksichtigung der neuen Maße und der deutschen Reichswährung. Berlin, Springer.

Wieviel Tinte ist seit dem Jahre 1866 in dem Streit über Waldwerthrechnungen geflossen und welche herbe Kritik bezüglich der Ergebnisse liegt darin, wenn im Jahre 1888 die Anleitung von 1866 neu abgedruckt wird — mit Berücksichtigung der neuen Maße und der deutschen Reichswährung!

Das Jahr 1888 hat wie seine Vorgänger gleichfalls viel Beiträge sowohl zur Waldwerthberechnung wie auch zu der auf ihr aufgebauten Reinertragslehre gebracht. Die Übersicht über die laufenden Differenzpuncte wird dadurch erschwert, daß die Artikel der Gegner meist in verschiedenen Zeitschriften erschienen. Es dürfte das Studium wohl erleichtern, wenn hier namentlich das Zusammengehörende nebeneinander gestellt wird und wir außerdem die beachtenswerthesten Arbeiten nennen:

Kraft: Zur Reinertragslehre. Zweiter Artikel. Danckelm. Z. S. 129. Knüpft an an den Aufsatz gleichen Titels von Bose (v. B. C. 1887 S. 557).

Bose: Zur Reinertragslehre. Zweiter Artikel. (v. B. C. S. 545.) Erwiderung auf vorstehenden Artikel.

Bose: Waldreinertrag und Walderwartungswerth (v. B. C. S. 77). Erwiderung auf die ohne Paginirung stehende Berichtigung von Lehr am Schlusse des Juliheftes der Allg. F. u. J. von 1887.

Waldwerthberechnung und Statik im Jahre 1886/87. Eine Ergänzung bezw. Erwiderung auf das Referat von Dr. Stötzer in der Allg. F. u. J. S. 20 durch v. Baur in dessen Centralblatt S. 260.

Pöpel: Immer wieder Reinertrag Allg. F. u. J. S. 81 u. 123 gegen Urich, Bose, Baur, Frey.

Fürst: Immer wieder Reinertrag v. B. C. S. 508 knüpft an vorigen Artikel an.

Ansichten eines Verwaltungsbeamten über die vermeintlichen Gefahren der Reinertragslehre. W. unterzeichnet. Allg. F. u. J. S. 159. Hauptsächlich gegen Bose geschrieben.

Schnittspahn: Nochmals zur Frage der Umtriebszeit. (v. B. C. S. 141.)

Urich: Freunde und Gegner der Forstfinanzwirthschaft. (v. B. C. S. 553.)

Bose: Welche Procente werfen die in den Hochwaldungen des deutschen Reichs, deren Erträge in die Staatskasse fließen, niedergelegten Kapitalien ab? Diese Frage beantwortet B. in v. Baur's C. S. 433 in längerer Auseinandersetzung anschließend an frühere Arbeiten von 1886 und 1887. Aus der Tabelle S. 438 entnehmen wir, daß beim Bodenwerth $= 0$ die Verzinsung folgende ist: beim Umtrieb der größten Waldrente Buche (120 Jahr) 2,4%, Kiefer (90 Jahr) 3,4%, Fichte (100 Jahr) 2,9%; beim Umtrieb der größten Bodenrente Buche (70 Jahr) 4,6%, Kiefer (70 Jahr) 5,4%, Fichte (60 Jahr) 6,7%.

Böhme: Ein Beitrag zur Lehre vom Waldwerthzunahmeprocent und dessen Anwendung auf den Forstwirthschaftsbetrieb. (v. B. C. S. 513.)

Sind Waldnebennutzungen bei Berechnung des Holzbestandswerthes in Anrechnung zu bringen oder nicht? Rittmeyer F. Bl. S. 49 u. S. 362 antwortet in Übereinstimmung mit G. Heyer bejahend gegen v. Baur, der hierbei in Frey (v. B. C. S. 475) einen Meinungsgenossen findet.

Es gehören zusammen die Schriftsätze:

Über die Erhöhung des Walderwartungswerthes einer normalen Betriebsklasse durch frühzeitigeren Bezug von Durchforstungserträgen. (Allg. F. u. J. S. 147.)

Bose: Über die Erhöhung des Walderwartungswerthes einer normalen Betriebsklasse durch frühzeitigeren Bezug von Durchforstungserträgen. (v. B. C. S. 391.) Erwiderung auf Allg. F. u. J. S. 147 gegen Anonymus und die von Lehr beigefügte Bemerkung.

Die Erhöhung des Walderwartungswerthes durch frühzeitigeren Bezug von Durchforstungserträgen Allg. F. u. J. S. 369 gegen vorstehenden Artikel Bose's.

Obf. Lommatzsch giebt uns im Thar. J. S. 145 einen Einblick in den Geldwerth der Zwischennutzungen bezogen auf den Geldwerth der Abtriebsnutzungen. In Reichenbach machten für Fichten erstere 25% beim Umtrieb 80 Jahr, 21% bei 70 Jahr, 18% bei 60 Jahr; in Rosenthal kommen 21%, 16%, 10% heraus. Die Zwischennutzungen der Kiefer berechneten sich für vorgenannte Umtriebe im Kreier Revier auf 26, 22, 19%. Für die Buche stellten sich hingegen die Zwischennutzungen bei 140jährigem Umtrieb auf 170% bei 110=jährigem auf 94%, bei 80jährigem auf 53%. In allen Fällen ist natürlich hierbei der Nachwerth des Ertrages in Rechnung gestellt.

Es gehören ferner zusammen:

Bestandskostenwerth zu Anfang der Umtriebszeit von F. Ass. Rittmeyer. (Allg. F. u. J. S. 333.)

Der Bestandskostenwerth zu Anfang der Umtriebszeit von Baur. Erwiderung auf Rittmeyers Aufsatz und Widerlegung (v. B. C. S. 250). In Frage steht, ob der Werth im Jahre 0 = 0 oder = c, den Kulturkosten, ist.

Zum Schluß möchte ich aus beiden feindlichen Lagern einige Sätze hier niederlegen:

Dr. Wimmenauers akademische Antrittsrede schloß mit den Worten: Der Streit um die Theorie wird hoffentlich bald der Ver=gangenheit angehören, aber ihrer Anwendung im Walde, der Rein=ertrags = Praxis gehört die Zukunft. In welchem einschränkenden Umfange das jedoch gedacht ist, geht aus einer anderen Zusammen=fassung hervor (daselbst S. 15).

Die höchst einfachen Grundsätze schreibt Bose v. B. C. S. 475, auf welchen die Bodenreinertragstheorie beruht, lassen sich auf elemen=tarem Wege kurz darstellen. Man — ausgenommen Kraft u. Stötzer — hat jedoch künstlich die Waldwerthrechnung bezw. Statik zu einer verwickelten mathematischen Disciplin aufgebauscht, zu deren gründlichem Verständniß schon ein geübter Mathematiker gehört. Man hat eine an sich einfache Sache in einen Nimbus von Gelehrsamkeit eingehüllt, gegen welche unsere biederen Praktiker nicht anzukämpfen wagen.

Aus Krafts zweitem Artikel zur Reinertragslehre heben wir einen beide Parteien treffenden Vorwurf hervor. K. sagt, daß irrthümlich bei den einschlägigen Ertragsveranschlagungen die Fortdauer des seither fast allgemein üblich gewesenen Verfahrens der Bestandeserziehung, insbesondere die Vernachlässigung des Durchforstungsbetriebes in den älteren Beständen unterstellt wird. Eine zweite Unrichtigkeit liegt darin, „daß das Preisverhältniß unter den verschiedenen Holzsortimenten, welches unter den in einer gegebenen, auf ihre Rentabilität zu unter=suchenden Wirthschaft obwaltenden Umständen besteht, auch für den Fall einer Änderung der Angebotsverhältnisse als gleichbleibend an=

genommen wurde." Wenn bei höherem Umtriebe im schwachen Bau-
holz eine geringe Holzmasse angeboten ist, so berechnen wir deren
Preis und Werth nach denselben Einheitssätzen, wie ein starkes Angebot desselben Sortiments bei niedrigem Umtrieb.

Judeich bespricht die Anwendung der Einkommensteuer auf die
Waldwirthschaft mit besonderer Beziehung auf die im Königreich Sachsen
geltenden Steuergesetze und verweilt namentlich bei der kaum zu um-
gehenden Härte, daß unter Umständen das Kapital selbst, nicht blos
das Einkommen besteuert wird. Bei der Wichtigkeit, welche die Einkommensteuer in neuerer Zeit genommen hat, hält es J. für sehr
wünschenswerth, daß Mittheilungen über die Anwendung auf den Wald-
besitz aus den verschiedenen Staaten veröffentlicht werden. (Th. J. S. 88.)
Eine weitere Arbeit über die Besteuerung des Waldes finden
wir in Da. Z. S. 257 von Dr. Suden. Darin wird näher eingegangen auf das Object der Waldsteuer, die Theorie des Veranlagungs-
verfahrens, den Reinertrag des Nachhaltswaldes, die Praxis der Ver-
anlagung. Ueber das Object der Waldsteuer ist man bekanntlich nicht
ganz einig. S. eignet sich Lehrs Satz an: der Vorrath muß besteuert
werden, wie andere Kapitalien auch. Reinertrag und Kapitalwerth
müssen für die Einsteuerung festgestellt werden. Hat ein Nachhalts-
wald einen selbständigen Etat und ist die Bewirthschaftung desselben
eine sachgemäße, so kann die Steuerbehörde den Reinertrag unmittelbar
aus dem Abschluß der Geldrechnung entnehmen; das letztere ist auch
dann statthaft, wenn bei sonst sachgemäßer Bewirthschaftung eine un-
richtige Umtriebszeit eingehalten wird; nur muß dann der der Rechnung entnommene Reinertrag umgerechnet werden nach Maßgabe des
Verhältnisses, wie sich die normale Verzinsung des Waldkapitals zu
der in Folge abnormer Umtriebszeit abnormen konkreten Verzinsung
stellt. Muß aber die Behörde den Waldreinertrag im Einzelnen berechnen, so ist dabei alles Wesentliche zu berücksichtigen; haben irgendwo
die Nebennutzungen oder die Ertragsausfälle durch Kalamitäten eine
hervorragende Bedeutung, so dürfen sie nicht außer Acht gelassen
werden; handelt es sich dagegen nur um einen Zusatz oder Abzug
von wenigen Procenten, so kann nur ein unmathematischer Geist solche
Elemente peinlich genau in Rechnung einstellen wollen. Das Wald-
kapital wäre theoretisch nur nach der Methode des Erwartungswerthes
zu berechnen, practisch ist jedoch die Einführung von anderen Werthen
nicht ausgeschlossen.

Nachdem S. dann eine kurze Besprechung der Communal-
besteuerung hat folgen lassen, geht er über zu einer Beleuchtung der
Besteuerung vom Standpunkte der Agrarpolitik. Hierbei wird die
Frage, ob allgemein für jede Aufforstung eine steuerfreie Frist gewährt
werden soll, verneint, aber dafür gesprochen, daß ein Nachlaß oder
eine Befreiung gewährt werden kann. Nur die Gebirgskämme, Pässe,
Hänge, Sandschollen u. a., die in ihrem Wesen als Schutzwaldgebiet
sich nicht verkennen lassen, sind für alle Zeit steuerfrei zu belassen. S.
fürchtet nicht, daß die Besteuerung zu einem Rückgang des Waldes
führt, der Wald wird vielmehr sein Kontingent an Steuern gelassen
übernehmen. Er kann es aber auch, denn er ist das lebensfähige
Kind einer in sicherem Boden wurzelnden Urproduction und es
werden ebenso wenig wie ihm unter ungünstigen Verhältnissen mit
Steuerbefreiungen geholfen werden kann, seine Bäume unter der ihm
gebührenden Last fallen.

4. Aus der forstlichen Geräthekammer.

Als das vorzüglichste Instrument für Spaltpflanzung empfiehlt
Ed. Heyer Allg. F. u. J. Z. S. 414 den Biermansschen Spiral-
bohrer. H. glaubt, daß die Anwendung desselben dadurch zurückgehalten sei, weil bei Anfertigung gewöhnlich ein Fehler gemacht
werde. Bei vertikaler Haltung des Stieles muß nämlich die Spaten-
fläche an allen Punkten senkrecht erscheinen, die Projection des eigentlichen Spatens soll nur seinen S förmigen Rücken darstellen.

Durch die Firma Dominicus und Söhne, Remscheid Viering-
hausen, werden jetzt nach amerikanischem Vorgang s. g. hinterlochte
Sägen in den Handel gebracht. Ihre Eigenthümlichkeit besteht darin,
daß jede Zahnlücke nach dem Innern des Blattes zu durch eine Reihe
von Löchern bezeichnet ist. Es wird dadurch die Zurichtung der Säge
erleichtert, Gewicht und Reibung vermindert, das Blatt bei der Arbeit
weniger erhitzt und die richtige Stellung der Zähne beim Nachfeilen
gesichert. De. F. 32. Allg. H. V. A. u. a. O.

Sägespähne können als Brennmaterial in besonders construirten
Oefen bezw. auf besonderen Rosten gut verbrannt werden. v. Oppen
theilt mit, daß ein solcher Ofen von Lattermann in Morgenröthe
vertrieben wird (Danck. Z. S. 489). Ein Rost ist vielfach im
Allg. H. V. A. Inseratentheil angeboten durch Leinweber und Co.
Gleiwitz i. S.

Karl Böhmerle macht uns Wiener C. S. 23 mit Anwendung eines Nonius am Xylometer bekannt, mit dem es möglich ist die Wasserstände bis auf 0,1 *l* direct abzulesen, die Einschätzung also fallen zu lassen. An Stelle der feststehenden Skale, die ein doppeltes Ablesen und eine Berechnung des Holzgehalts nothwendig macht, führt er zudem eine verstellbare Skale ein, deren 0 Punkt im Wasserniveau vor Eintauchen des Holzes liegt. Liest man nach dem Einbringen des Holzes die Steigung des Wassers ab, so erhält man die Festmasse direct.

Eine Bestandsmassenkluppe ist dem Forstassessor Hirschfeld patentirt R. P. Nr. 43624 Kl. 42. Sie dient dem Zwecke, stehende Massen ohne Führung eines Kluppamnuals und ohne besondere Massenberechnung taxatorisch zu ermitteln. Die Baumhöhen werden in der bisher üblichen Weise vor Beginn des Kluppens gemessen; je nach Befund derselben wird eine biegsame Stahlschiene über den auf der Kluppe befindlichen Höhenscalen eingestellt und dadurch der Gang des Zählwerks sowohl von den Höhen als auch von den Durchmessern der einzelnen Bäume gleichzeitig abhängig gemacht. Zu beziehen ist die Kluppe durch Mechanikus Rosendorf in Schweidnitz für etwa 50 Mark.

Von A. Treffurth erdachte Universalkluppen werden uns Danck. Z. S. 493 bekannt gegeben. Sie verlassen das Princip des Gabelmaßes mit parallelen Schenkeln und arbeiten mit drei Tangenten, die an den Baum angelegt werden. Aeußerlich tritt die s. g. Blochholzwinkelspanne der Gestalt eines Cirkels mit geraden Schenkeln und Querlineal nahe, die Bauholzwinkelspanne hingegen der einer Scheere. Die Preuß. Versuchsanstalt erzielte bei der Arbeit mit der Kluppe gute Resultate.

Die Aldenbrück Friedrich'sche Baummeßkluppe ist durch C. Böhmerle dahin verbessert, daß er die Stützpunkte an den beweglichen Schenkeln mit Metall vorschuhte. Damit wird einer Abnutzung derselben umsomehr vorgebeugt, als durch eine Schraubenvorrichtung, die an dem äußeren dem Handgriff fernliegenden Stützpunkte liegt, der Vorschub verstellbar ist. Das Meßlineal ist vertieft angelegt und wird dadurch Leichtigkeit in Gewicht und Gang erzielt.

Die Druck-Registrir-Kluppe von Eck ist auf der Preuß. Hauptstation des Versuchswesens geprüft worden. Es wird anerkannt, daß richtige und zweckmäßige Gedanken beim Aufbau des Instruments berücksichtigt sind, im Ganzen kann es jedoch in der gegenwärtigen Form nicht zur practischen Anwendung empfohlen werden. D. Z. S. 154.

Verbesserungen am Preßlerschen Zuwachsbohrer von Neumeister bezwecken eine größere Widerstandsfähigkeit des auf den Bohrer aufzusetzenden Kurbelgriffs. Der Verschluß für den zusammengelegten Bohrer ist vereinfacht, die Herausnahme desselben erleichtert durch eine zweckmäßig angebrachte Spiralfeder. Wien. C. S. 203. Aus dem Walde 15. Oe. V. S. 200. Thar. J. B. S. 299. Oe. F. 18.

Das Faustmannsche Spiegelhypsometer ist durch die Firma Hartmann und Braun in Bockenheim-Frankfurt verbessert namentlich dadurch, daß der Spiegel eine Stangenführung erhalten hat.

Forstassistent Mathes hat den Weiseschen Höhenmesser mit dem Preßlerschen Zuwachsbohrer combinirt, hat dabei aber leider das Metallpendel aufgegeben und ist zu dem Fadenpendel zurückgekehrt.

Eine transportable Brücke wird Oe. F. 12 von Malleck beschrieben. Sie besteht aus einer breitsprossigen Leiter. In der Mitte läuft ein Brett, um sie gangbar zu machen; rechts und links davon sehen die Sprossen hervor und gestatten dem Schlitten ein sicheres und gutes Hinübergleiten, denn jede Kufe hat eine seitlich durch Leiterbaum und Laufbrett begrenzte Spur.

Vom Oberförster Wichmann ist ein Boussolen- und Theodolithen-Transporteur zum directen mechanischen Auftragen von Winkeln construirt und in besonderem Schriftchen, Verlag von Otto Senff, Schönebeck a. E., erklärt.

5. Aus dem Rechtswesen.

Danckelmann. Die Ablösung und Regelung der Waldgrundgerechtigkeiten II. und III. Theil. II. Die Ablösung und Regelung der Waldgrundgerechtigkeiten im Besonderen. III. Hülfstafeln zur Werthermittelung von Waldgrundgerechtigkeiten. Berlin, Springer.

Ziegner-Gnüchtel. Der Forstdiebstahl. Darstellungen aus dem in Deutschland geltenden Recht. Berlin und Leipzig, Guttentag.

Heinz. Reichsgesetz betr. den Schutz von Vögeln. Nördlingen, Beck.

Ziebarth. Das Forstrecht. Berlin, Parey.

In Folge Kaiserlicher Verordnungen ist das Gesetz vom 5. Mai 1886 betr. die Unfall- und Krankenversicherung der in land- und forstwirthschaftlichen Betrieben beschäftigten Personen innerhalb des ganzen Reiches mit Ausnahme von Oldenburg seinem vollen Umfange nach in Kraft getreten.

Neumeister behandelt Thar. J. S. 1. die Versicherung der fiskalischen Waldarbeiter in Sachsen, wobei er zuerst bereits bestehende Kassen ihrer Einrichtung nach schildert und dann die Durchführung der Kranken- und Unfallversicherung nach den Reichsgesetzen. In der Hauptsache ist der Anschluß an die Gemeindekrankenversicherung oder Ortskrankenkasse erfolgt und nur bei einzelnen Staatsforstrevieren war die Versicherung selbständig durchzuführen. Aus den am Schlusse des Aufsatzes gebrachten Sätzen möchten wir folgende Vorschläge herausheben: Die Staatsregierung vereinigt sämmtliche auf forstfiskalischem Gebiete bezw. im forstfiskalischen Betriebe beschäftigten Arbeiter zu einem Verbande und es tritt der Staat an Stelle einer Berufsgenossenschaft; das für den Schutz und Hilfsdienst ohne festen Gehalt und Pensionsberechtigung angestellte Personal wird bei der Unfallversicherung berücksichtigt.

In Preußen werden in Folge Gesetzes vom 28. März 1888 die Wittwen- und Waisengeldbeiträge, welche auf Grund des Gesetzes vom 20. Mai 1882 zu entrichten waren, unbeschadet des an diese Verpflichtung geknüpften Anspruchs auf Wittwen- und Waisengeld vom 1. April 1888 ab nicht mehr erhoben. Damit fällt der Mißstand, daß der Staat aus der Neuordnung der Wittwen- und Waisenpflege mehr Einnahmen bezog, als er Ausgaben hatte.

Ueber die Einwirkung der Holzzollgesetzgebung auf Deutschlands Nutzholzeinfuhr und Ausfuhr theilt Fürst (v. B. C. S. 309) auf Grund der statistischen Erhebungen mit, daß die Holzzölle nach dem Tarif von 1879 und 1885 nicht vermocht haben, eine für das deutsche Reich günstige Gestaltung der Nutzholzeinfuhr und Ausfuhrbilanz zu bewirken. Allerdings hat seit 1880 die Einfuhr eine nicht unbeträchtliche Abminderung erfahren, gleichzeitig ist aber auch die Ausfuhr zurückgegangen. Am auffallendsten und unerklärlich bleibt die Wirkungslosigkeit des Tarifs von 1885. Trotz der Hinaufsetzung der Sätze weist die Einfuhr eine nicht unerhebliche Steigerung auf. Auch die Bilanz zwischen Einfuhr und Ausfuhr zeigt eine Verschiebung zu Gunsten der Einfuhr. Am wenigsten vortheilhaft hat sich der Verkehr von vorgearbeitetem und gesägtem Holze gestaltet, indem die Einfuhr dieser werthvolleren Sortimente ständig zugenommen, die Ausfuhr fortwährend sich vermindert hat.

6. Aus der Verwaltung.

Ovenzel. Die Forstverwaltung im Königreich Sachsen, enthaltend die in das Fach einschlagenden Gesetze und Verordnungen einschließlich sämmtlicher an die Forstbeamten erlassenen Generalverordnungen des Kgl. Finanzministeriums. Pirna, Diller und Sohn.

Schlickmann. Handbuch der Staatsforstverwaltung in Preußen. Zweite, neu bearbeitete Auflage. Berlin, Parey.

Die Württembergische Forstorganisation ist einen Schritt weiter gekommen, indem allen Revierverwaltern der Titel Oberförster verliehen wurde. Dann ist eine umfassende Verfügung ergangen betr. die dienstliche Stellung der Forstmeister und der Oberförster, sowie die Aenderung und Vereinfachung von Dienstvorschriften der Verwaltung der Staatsforste mit der Absicht dadurch die dienstlichen Befugnisse der Forstmeister und Oberförster den dermaligen Verhältnissen entsprechend neu zu regeln und bestimmter abzugrenzen und zugleich verschiedene Verwaltungsvorschriften angemessen zu vereinfachen und zu verbessern. Die Aufnahme dieser Verfügung, die manche wirklich wesentliche Aenderung bringt, ist eine verschiedene gewesen. Befriedigt hat sie da, wo man es für besser hält, das Ziel, die Annahme des reinen Oberförstersystems schrittweise zu erreichen, nicht befriedigt hingegen da, wo man in dem vollen Oberförstersysteme das allein Richtige erblickt.

Eine Uebersicht über die neue Eintheilung der Forstamtsbezirke in Württemberg findet sich Allg. F. u. J. S. 187. Danach sind die Forstämter Altensteig, Bönnigheim, Mergentheim, Neuenstadt, Ochsenhausen, Reichenberg, Sulz aufgelöst und Biberach, Heilbronn neu errichtet.

Dimitz begrüßt die in letzter Zeit stattgehabten Wälderankäufe in Oesterreich als einen Wendepunkt in der Forstpolitik. Von den 300 000 ha, welche die Fondsgüter seit Anfang des Jahrhunderts eingebüßt haben, sind in Steiermark und Oberösterreich nunmehr 71 000 ha zurückgewonnen. Wiener Centralbl. S. 492.

Aus der Oe. F. 22 erfahren wir, daß das Telephon auf einzelnen Herrschaften in Dienst getreten ist und wie überall soviel Ersparnisse an Dienstreisen, Botenlöhnen, Zeit einerseits und soviel directe Vortheile durch rasche Geschäftsabwickelung gewährt hat, daß die nicht unbedeutenden ersten Anlagekosten als gut rentirend angesehen werden müssen.

7. Aus dem Versuchswesen.

Müttrich. Jahresbericht über die Beobachtungs=Ergebnisse der ꝛc.
forstlich meteorologischen Stationen XIII. Jahrgang. Das Jahr
1887. Berlin, Springer.

Jahresbericht der forstlich phänologischen Stationen Deutschlands.
Herausgegeben im Auftrage des Vereins deutscher forstl. Versuchs=
anstalten von der großh. hess. Versuchs=Anstalt. II. Jahrgang.
Berlin, Springer.

Der Verein der deutschen forstlichen Versuchs=Anstalten trat in Ulm
zusammen. Auf der Tagesordnung stand: Aufstellung von Ertrags=
tafeln auf Grund des bisher von den forstlichen Versuchs=Anstalten
gesammelten Materials. (Beschlüsse cfr. unter 3g.) Mittheilungen
der sächsischen Versuchs=Anstalt über die Aufstellung von Massentafeln
für die Kiefer. Mittheilung von Hessen, betreffend die Publikation
des forstlich phänologischen Jahresberichts für 1888/89. Mittheilung
über den Stand der Vereinsarbeiten. Bericht über die bisherigen
Erfahrungen bezüglich der Messung des Langnutzholzes ohne Rinde.

Über den Stand der Arbeiten erfahren wir, daß 1852 Ertrags=
probeflächen aufgenommen sind, davon 760 bereits in Wiederholung.
70695 Formzahlen sind berechnet, 258 Durchforstungshauptflächen
und 31 Lichtungsbetriebsflächen angelegt. Den Streuversuchen dienen
96 Flächen, den Unterbauversuchen 21. Der Culturversuchsflächen
zählte man 190 Hauptflächen für heimische und 682 für ausländische
Holzarten. (Beilage des Protokolls.)

Für das forstliche Versuchswesen Österreichs tagte die vierte Fach=
conferenz am 5. März (Wiener C. S. 184. 229). Dimitz gab in
einleitender Rede eine Übersicht über das Geleistete und in nächster Zeit
zu Leistende, und ihm schloß sich v. Lorenz an. Ganz kurz gefaßt sagte
er, läßt sich das Hauptresultat der vorliegenden meteorologischen Beob=
achtungen so zusammenfassen: Der Einfluß des Waldes auf die Tem=
peratur und Vermehrung der Luftfeuchtigkeit ist viel entschiedener im
Gebiete des continentalen Klimas, wie beispielsweise in Ostgalizien,
als weiter im Westen, und dieser Einfluß ist hauptsächlich auf die
Transpiration aus den Baumkronen zurückzuführen.

An Vorlagen kamen zur Berathung:

1. Special=Arbeitsplan für Culturversuche zur Begründung
reiner Fichten= und Weißkiefernbestände auf Kahlflächen.

2. Allgemeiner Arbeitsplan für Lichtungsversuche.

3. Nachträge zu den Arbeitsplänen für Durchforstungs=
Versuche.

4. Allgemeiner Arbeitsplan für Versuche in betreff der Wald=
weide.

5. Allgemeiner Arbeitsplan für Schneitelversuche.

Professor Dr. Bühler wurde zum Vorstand der schweizerischen Centralanstalt für das forstliche Versuchswesen in Zürich gewählt. Damit ist die geplante Organisation ins Leben getreten.

Über die Art und Weise, wie die forstlichen Versuchsarbeiten draußen im Walde zu behandeln sind, giebt Böhmerle einen für alle Kreise nützlich zu lesenden Aufsatz (Wiener C. S. 275). Auch er kommt zu dem Schluß, die Versuchsthätigkeit nicht mit den laufenden Wirthschaftsarbeiten zu verbinden; er wünscht die Heranziehung jüngerer Kräfte, Schriftlichkeit überall, Sauberkeit der Aufzeichnungen, höchste Gewissenhaftigkeit, stete Aufsicht der Arbeiter, schnelle Eintragung aller im Tagebuch gesammelten Bemerkungen in die Formulare.

Hinsichtlich des Umfanges der Versuche steht B. auf der Seite der Partei, welche einigen genau durchgeführten Versuchsreihen den Vorzug giebt gegenüber einer großen Zahl von Versuchen. Der ver= gleichende Versuch bedingt, daß die einem Versuche dienenden Bestände auf einheitlicher Grundlage also nach gleichmäßigen Grundsätzen aus= gewählt sind.

8. Aus der Statistik.

Forststatistische Mittheilungen aus Württemberg für das Jahr 1886. Herausg. von der Königl. Forstdirection. Stuttgart, Scheufell.

Statistische Nachweisungen aus der Forstverwaltung des Großherzog= thums Baden für das Jahr 1887. X. Jahrgang. Karls= ruhe, Müller'sche Hofbuchdruckerei.

Beiträge zur Forststatistik von Elsaß=Lothringen. Herausgegeben vom Ministerium, Abthlg. für Finanzen, Landwirthschaft und Domänen. V. Heft. Straßburg, R. Schultz u. Comp.

Resultate der Forstverwaltung im Regierungsbezirk Wiesbaden. Jahr= gang 1887. Herausgegeben von der Kgl. Regierung in Wies= baden. Wiesbaden, Bechtold u. Comp.

Resultate der Forstverwaltung im Reg.=Bez. Wiesbaden in der Zeit von 1872—1885 von F. A. Goebel (Da. Z. S. 39).

Kunze. Übersichtskarte der Kgl. Sächs. Staatsforsten.

Der Holzverkehr auf den deutschen Wasserstraßen im Jahre 1885. Nach der Statistik des Reichs, neue Folge, Band 22, bearbeitet vom Forstassessor Goebel. (Da. Z. S. 368.)

Gewitter in den fürstl. Lippeschen Staatsforsten während des Jahres 1886, vom Forstmeister Feye in Detmold. (Da. Z. S. 50.)

v. Guttenberg. Forstwirthschaft und Jagd in Niederösterreich. (Oe. V. f. Forstw. S. 215.)

v. G. hat diese Schilderung in etwas kürzerer Fassung für das auf Anregung und unter Mitwirkung des Kronprinzen Rudolf er= scheinende Werk „Die österreichisch=ungarische Monarchie in Wort und Bild" geschrieben. Sie ist an oben citirter Stelle namentlich nach der statistischen Seite hin erweitert.

Forststatistischer Umriß Böhmens, nach den Beiträgen zur Forst= statistik (Prag 1885, in Commission bei J. G. Calve, Ottomar Beyer) gezeichnet vom Oberforstrath Dimitz (Wiener C. S. 1).

Bühler macht folgende Vorschläge, um für die Schweiz die forst= liche Statistik ins Leben zu rufen: Der Forstverein wählt aus seiner Mitte eine statistische Kommission, diese entwirft einen ins Einzelne gehenden Entwurf zu einer Instruction. Derselbe wird allen schweiz. Forstbeamten zugestellt und von diesen auf practische Brauchbarkeit, Vollständigkeit und Durchführbarkeit geprüft und begutachtet. Darauf arbeitet die Commission den Entwurf nochmals durch und dann nimmt sie selbst in besonders geeigneten Theilen der Schweiz Arbeiten danach auf. Die dabei gesammelten Erfahrungen werden benutzt für die darauf erfolgende definitive Fassung des Textes. Die einzelnen Forstbeamten erhalten dann die Instruction mit allen Formularien und mustergültigen Aufnahmebeispielen, um danach selbständig zu arbeiten.

9. Aus dem Forstunterrichtswesen.

Land= und forstwirthschaftliche Unterrichtszeitung. Redigirt im Auf= trage des K. K. Ackerbau=Ministeriums von Friedrich Ritter v. Zimmermann. Wien, Hölder. Die Zeitung erscheint seit 1887.

Der Andrang zur Forstverwaltungslaufbahn ist anhaltend ein so starker, daß die Aussichten für die Anwärter immer trüber werden. In Preußen ist deshalb der Eintritt in die Laufbahn durch eine am Schlusse des Jahres erlassene Verfügung erschwert. Wenn die Nach= richten der politischen Zeitungen den Inhalt derselben richtig wieder=

gegeben haben, so würde die Genehmigung zum Eintritt in die Lauf=
bahn jährlich nur einer bestimmten Zahl von Anwärtern gegeben und
die Zeitdauer, während welcher die Eltern sich verpflichten müssen, den
Aspiranten zu erhalten, von 7 auf 12 Jahr erhöht werden.

Über den Besuch der höheren Forstlehrstätten sind von zuständiger
Seite folgende Nachrichten eingegangen:

Eberswalde: im Sommer 139 Studirende, davon 84 Anwärter
für den preußischen Staatsdienst; im Winter 143 bezw. 87.

Münden: im Sommer 62 Studirende, davon 40 Anwärter für
den preußischen Staatsdienst; im Winter 69 bezw. 49.

Aschaffenburg: im Sommer 72 Studirende, davon 54 Anwärter
für den bayrischen Staatsdienst; im Winter 82 bezw. 67.

München: im Sommer 98 Studirende, davon 53 Anwärter für
den bayrischen Staatsdienst; im Winter 74 bezw. 51.

Tharand: im Sommer 84 Studirende, davon 32 Anwärter für
den sächsischen Staatsdienst; im Winter 118 bezw. 45.

Tübingen: im Sommer 53 Studirende, davon 47 Württem=
berger; im Winter 49 bezw. 46.

Karlsruhe: im Sommer 35 Studirende, davon 32 Anwärter für
den badischen Staatsdienst; im Winter 46 bezw. 41.

Gießen: im Sommer 45 Studirende, davon 42 Hessen; im
Winter 39 bezw. 38.

Eisenach: im Sommer 51 Studirende, davon 16 Anwärter für
den Staatsdienst der thüringischen Staaten; im Winter 52 bezw. 17.

Zürich: im Sommer 17 Studirende; im Winter 17.

Wien: Die Hochschule für Bodenkultur wurde im Studienjahr
1887/8 von 291 Hörern besucht, von welchen 150 der landwirth=
schaftlichen, 123 der forstwirthschaftlichen und 18 der culturtechnischen
Richtung angehörten.

Am Sitze der bayrischen Forstämter Kehlheim, Trippstadt, Wun=
siedel, Lohr, Kaufbeuren sind vierkursige Waldbauschulen errichtet. Die
Schulen bezwecken die Heranbildung von Beamten für den Forst=
Betriebsvollzugs= und Schutzdienst in den Staatswaldungen Bayerns.
Sie werden geleitet von dem jeweiligen Forstamtsvorstande und sind der
Kgl. Regierungsfinanzkammer unterstellt. Die Oberaufsicht wird vom
Staatsministerium der Finanzen ausgeübt. (Vergl. Judeich=Behms
Forstkalender S. 11.)

Eine Übersicht über die Thätigkeit der aargauischen Waldbauschule unter Walo v. Greyerz bringt der pract. Forstwirth f. d. Schw. S. 50. Der Rücktritt des bisherigen Leiters wird einige Änderungen in der Organisation der Schule nach sich ziehen. Sie soll nämlich nicht mehr ständig am nämlichen Orte verbleiben, sondern abwechselungs= weise in den sechs Forstkreisen des Kantons und zwar von nun an unter Leitung des jeweiligen Kreisförsters abgehalten werden, dem ein tüchtiger Hülfslehrer beizugeben ist. Das vom 7. Januar 1888 datirte neue Reglement ist Schw. Z. S. 146 mitgetheilt.

Bei der Budgetberathung im österreich. Abgeordnetenhause wurde die Regierung durch eine Resolution aufgefordert, in Erwägung zu ziehen, ob die durch die Gründung der Hochschule für Bodencultur angestrebten Ziele nicht in erfolgreicherer Weise durch Einführung der entsprechenden Disciplinen an anderen Hochschulen zu erreichen wären.

Im österreichischen Forstcongreß betonte man wiederholt die dringende Nothwendigkeit einer zeitgemäßen Reform der Staatsprüfungs= norm von 1850 und wies auf die einschlägigen Verhandlungen über diesen Gegenstand im Jahre 1881 hin. Die damaligen Anträge bezweckten, die bisherige Zweitheilung in eine Prüfung a. für den Forstverwaltungs=, b. für den Forstschutz= und technischen Hilfsdienst, für beide Kategorien mit dem Character von Staatsprüfungen; Abhaltung der Examen in den einzelnen Kronländern und zwar für a. bei den Statthaltereien, für b. in größeren Provinzialstädten am Sitze von Bezirkshauptmann= schaften, alljährlich einmal im Monat September. (Wien. C. S. 241.)

In Mariabrunn wurde die vor 75 Jahren erfolgte Stiftung der Forstlehranstalt festlich gefeiert. Das Juniheft des Centralblatts für das gesammte Forstwesen wurde als eine Festnummer heraus= gegeben, den Mariabrunnern gewidmet. Das Titelblatt brachte die Bilder der noch lebenden sechs Ältesten, der Text den Holzschnitt von Josef Ressel, dem Erfinder der Schiffsschraube, als dem berühmtesten der Mariabrunner Forststudenten.

10. Vereinswesen.

Die Versammlung deutscher Forstleute tagte vom 9.—13. Sep= tember in München in einer Stärke, die bisher noch niemals erreicht war. 653 Theilnehmer wies die Liste nach. Zur Verhandlung kamen die Themata über die Torfstreu, über die Buchennutzholz= erziehung und Verwerthung. Daran schloß sich eine Reihe von Mittheilungen nämlich die von v. Baur über den Einfluß der

Durchforstungsgrade, die von Ramann über Einwirkung des Streu=
rechens, die von Pauly über die Generation der Borkenkäfer endlich
die von Jäger über die Sterbekasse für das deutsche Forstpersonal.

Der Rechnungsabschluß des Brandversicherungsvereins für das
achte Geschäftsjahr stellt eine erfreuliche Weiterentwickelung des Vereins
fest. Das Garantiekapital konnte um weitere 2000 M. verringert
werden, der Reservefonds statutenmäßig erhöht werden. Er beläuft
sich jetzt auf 80604,80 M. 37 Fälle waren zu verzeichnen, wovon
31 durch Zahlung von im Ganzen 29832,55 M. Entschädigungs=
geldern endgültig zur Erledigung gebracht werden konnten. Für die
unerledigten 6 Fälle wurden 6022,95 M. in Reserve gestellt.

Der von Dr. Jäger in Tübingen ins Leben gerufene Sterbe=
kassenverein hat sich kräftig entwickelt. Den Besuchern der Versammlung
der Forstleute wurde in München ein Mitglieder=Verzeichniß mit=
getheilt. Als Vereinsorgan dient das Wochenblatt Aus dem Walde.
Daselbst finden sich in Nr. 31 die am 9. September in München
der ersten Hauptversammlung vorgelegten und in Nr. 40 die von
dieser genehmigten Satzungen.

Der österr. Reichsforstverein hält am 2. Juni eine Festver=
sammlung aus Anlaß des bevorstehenden Regierungsjubiläums des
österreichischen Kaisers. Die von Dimitz vorgetragene Festrede findet
sich im Wien. C. S. 414; in derselben gab er ein fesselndes Bild
der forstwirthschaftlichen Entwickelung Oesterreichs. Eines, so schließt
der Redner, wird Alle mit voller Beruhigung für die Zukunft erfüllen,
daß die treue Fürsorge für den Wald eine Tradition der Dynastie
ist, welche Oesterreichs Geschicke lenkt, eine dynastische Tradition, die
sich eben in den letztvergangenen Decennien immer fester ent=
wickelt hat.

Im österreichischen Forstcongreß, welcher am 1. März seine Ver=
handlungen eröffnete, waren 15 Vereine und Gesellschaften vertreten.
Ueber die Verhandlungen bringen die Oest. F. Z., das Centralbl. f. d.
ges. Forstwesen und die Oest. Vierteljahrsschrift ausführliche Berichte.
Unsererseits sind sie in den früheren Abschnitten bereits berührt.

11. Nachlese.

Plüß. Unsere Bäume und Sträucher. Anleitung zum Bestimmen
  unserer Bäume und Sträucher nach ihrem Laube. 2. Aufl.
  Freiburg i. Br., Herder.

Grothe. Forstliche Rechenaufgaben. Ein Wiederholungs= und Uebungsbuch zur Vorbereitung auf die Jäger= und Förster=prüfung. Dritte umgearbeitete und erweiterte Aufl. Berlin, Springer.

Senft. Der Erdboden nach Entstehung, Eigenschaften und Ver=halten zur Pflanzenwelt. Hannover, Hahn.

Den älteren Kalendern haben wir einen allerdings auch schon im dritten Jahrgange erschienenen hier aber noch nicht genannten hin=zuzufügen: Der Förster, land= und forstwirthschaftlicher Kalender für Forstschutzbeamte. Herausgegeben vom practischen Forstmanne Th. Conrad. Graudenz, Gustav Röthe.

Die Allg. F. u. J. setzte die Jahresberichte (Chron. XIII. S. 83) fort. Dr. Stötzer brachte für 1886/7 Forstbenutzung, Waldwerth=berechnung und Statik; W. (?) Forsteinrichtung; Lorey den Wald=bau 1886/7; Lehr: Forstpolitik, Verwaltung, Statistik, Nationalöko=nomie 1886/7. v. Tubeuf S. 415 Forstbotanik für 1887.

Die deutsche Forst= und Jagdzeitung wird jetzt von H. Vincent redigirt unter Mitwirkung bewährter Forst= und Jagdfreunde.

Das Tharander Jahrbuch erschien vom 1. Januar ab unter Redaction von Kunze. Im Inhalte trat insofern eine Aenderung ein, als an die Stelle des Repertoriums einzelne Literaturberichte auf=genommen wurden.